uni—texte

Lehrbücher

G. M. Barrow, Physikalische Chemie I, II, III
W. L. Bontsch-Brujewitsch / I. P. Swaigin / I. W. Karpenko / A. G. Mironow,
Aufgabensammlung zur Halbleiterphysik
W. Czech, Übungsaufgaben aus der Experimentalphysik
H. Dallmann / K.-H. Elster, Einführung in die höhere Mathematik
M. J. S. Dewar, Einführung in die moderne Chemie
N. W. Efimow, Höhere Geometrie I, II
A. P. French, Spezielle Relativitätstheorie
D. Geist, Halbleiterphysik I, II
P. Guillery, Werkstoffkunde für Elektroingenieure
E. Hàla / T. Boublik, Einführung in die statistische Thermodynamik
J. G. Holbrook, Laplace-Transformationen
I. E. Irodov, Aufgaben zur Atom- und Kernphysik
S. G. Krein / V. N. Uschakowa, Vorstufe zur höheren Mathematik
H. Lau / W. Hardt, Energieverteilung
R. Ludwig, Methoden der Fehler- und Ausgleichsrechnung
E. Meyer / E.-G. Neumann, Physikalische und technische Akustik
E. Meyer / R. Pottel, Physikalische Grundlagen der Hochfrequenztechnik
E. Poulsen Nautrup, Grundpraktikum der organischen Chemie
L. Prandtl / K. Oswatitsch / K. Wieghardt, Führer durch die Strömungslehre
W. Rieder, Plasma und Lichtbogen
H. Seiffert, Einführung in das wissenschaftliche Arbeiten
F. G. Taegen, Einführung in die Theorie der elektrischen Maschinen I, II
W. Tutschke, Grundlagen der Funktionentheorie
W. Tutschke, Grundlagen der reellen Analysis I, II
H.-G. Unger, Elektromagnetische Wellen I, II
H.-G. Unger, Quantenelektronik
H.-G. Unger, Theorie der Leitungen
H.-G. Unger / W. Schultz, Elektronische Bauelemente und Netzwerke I, II
W. Wuest, Strömungsmeßtechnik

Skripten

J. Behne / W. Muschik / M. Päsler,
Ringvorlesung zur Theoretischen Physik, Theorie der Elektrizität
O. Hittmair / G. Adam,
Ringvorlesung zur Theoretischen Physik, Wärmetheorie
H. Jordan / M. Weis, Asynchronmaschinen
H. Jordan / M. Weis, Synchronmaschinen I, II
G. Lamprecht, Einführung in die Programmiersprache FORTRAN IV
E. Macherauch, Praktikum in Werkstoffkunde
W. Schultz, Einführung in die Quantenmechanik
W. Schultz, Dielektrische und magnetische Eigenschaften der Werkstoffe

Manfred Toussaint / Klaus Rudolph

Programmierte Aufgaben zur linearen Algebra und analytischen Geometrie

Übungsprogramm für
Mathematiker und Physiker
ab 1. Semester

Friedr. Vieweg + Sohn · Braunschweig

Manfred Toussaint ist wissenschaftlicher Assistent am Mathematischen
Institut II der Universität Karlsruhe, Klaus Rudolph ist Studienrat in Karlsruhe.

Verlagsredaktion: Michael Langfeld

ISBN-13: 978-3-528-03557-0   e-ISBN-13: 978-3-322-86164-1
DOI: 10.1007/978-3-322-86164-1

1972

Satz: Friedr. Vieweg + Sohn, Braunschweig

Buchbinder: W. Langelüddecke, Braunschweig
Umschlagentwurf: Peter Morys, Wolfenbüttel

Vorwort

Die programmierten Aufgaben zur linearen Algebra und analytischen
Geometrie sind als ergänzendes Arbeitsmaterial für Studenten der
ersten Semester gedacht. Sie sollen einerseits zur selbständigen
Bearbeitung von Aufgaben anregen und damit schnell zu einer
Vertrautheit mit den Grundbegriffen und Methoden der linearen
Algebra führen, sie sollen andererseits die Möglichkeit bieten, das
Verständnis dieser Begriffe und Methoden ohne fremde Hilfe zu
überprüfen.

Es handelt sich um Standardaufgaben zu Begriffen und Problemen,
die nahezu in jeder Anfängervorlesung und in jedem Buch oder
Skriptum zu diesem Thema behandelt werden. Entwickelt wurden
die Aufgaben als Begleitmaterial zu den Vorlesungen von Prof.
Dr. H. Kunle und Prof. Dr. H. Karzel an der Universität Karlsruhe.
Seit dem Wintersemester 1966/67 wurde die Aufgabensammlung
ständig erweitert und überarbeitet.

In der vorliegenden Fassung sollen die Aufgaben einem größeren
Studentenkreis zugänglich gemacht werden, wovon sich die Verfasser
u. a. auch weitere Verbesserungsvorschläge versprechen. Nicht zuletzt
aber sollen die Aufgaben zeigen, wie auch auf Hochschulniveau
programmiertes Unterrichtsmaterial sinnvoll eingesetzt werden kann,
und somit dazu beitragen, allzu einseitige Vorurteile gegenüber
dem programmierten Unterricht abzubauen.

Karlsruhe, 1971 _M. Toussaint / K. Rudolph_

Anleitung zur Bearbeitung einer programmierten Aufgabe

Eine programmierte Aufgabe unterscheidet sich dadurch von
einer Aufgabe mit Lösung, daß zwischen der Aufgabenstellung
und der endgültigen Lösung Hilfen verschiedener Stufen ange-
boten werden. Diese Hilfen werden nur im Bedarfsfall gelesen
und übernehmen so die Rolle eines Tutors, der nur dann einen
Tip zur Lösung der Aufgabe gibt, wenn er darum gebeten wird.

Die Hilfen sind nach dem Postleitzahlprinzip numeriert. Die Hilfen
erster Stufe mit den Nummern 1, 2, 3, . . . findet man auf der
Seite mit der Überschrift „**Hilfen** •“, die Hilfen zweiter Stufe
entsprechend unter „**Hilfen** • •“ usw. Durch das Programm lei-
ten die folgenden Leseanweisungen:

W(n) „Weiter bei Nummer (n)“
Unter der Nummer (n) findet man eine weitere
Teilaufgabe, die man lösen soll.

H(n) „Hilfe bei (n)“
Unter der Nummer (n) findet man eine Hilfe zur Lösung
des Teilproblems, an dem man gerade arbeitet.

K(n) „Kontrolle durch Vergleich mit Nummer (n)“
Unter der Nummer (n) findet man ein Zwischenergebnis,
womit man die eigene Lösung vergleichen kann.

Das gegenüberstehende Flußdiagramm zeigt, wie i. a. die Bearbei-
tung einer Aufgabe abläuft.

Wenn es nicht gelingt, die gestellte Aufgabe ohne Anleitung zu
lösen, dann beginnt man das Programm mit Hilfe (1). Unter den
Hilfen erster Stufe wird i. a. die gestellte Aufgabe in Teilaufgaben
zerlegt. Unter (1) wird also zur Lösung einer ersten Teilaufgabe
aufgefordert. Hat man diese gelöst, folgt man der Anweisung **W(2)**

und findet bei (2) eine weitere Teilaufgabe. Hilfen zu (1) stehen
unter (11) und Hilfen zu (11) unter (111) oder (112). In (111)
wird man aufgefordert, zur Kontrolle das Ergebnis mit (1121) zu
vergleichen. Sowohl von (11) als auch von (1121) kann man zu
(2) übergehen.

Es sei betont, daß man an jeder Stelle im Programm die Möglich-
keit hat, ohne Hilfen selbständig weiterzuarbeiten. Zum Abschluß
sollte man jedoch die Aufgabe noch einmal mit allen Hilfen
durcharbeiten.

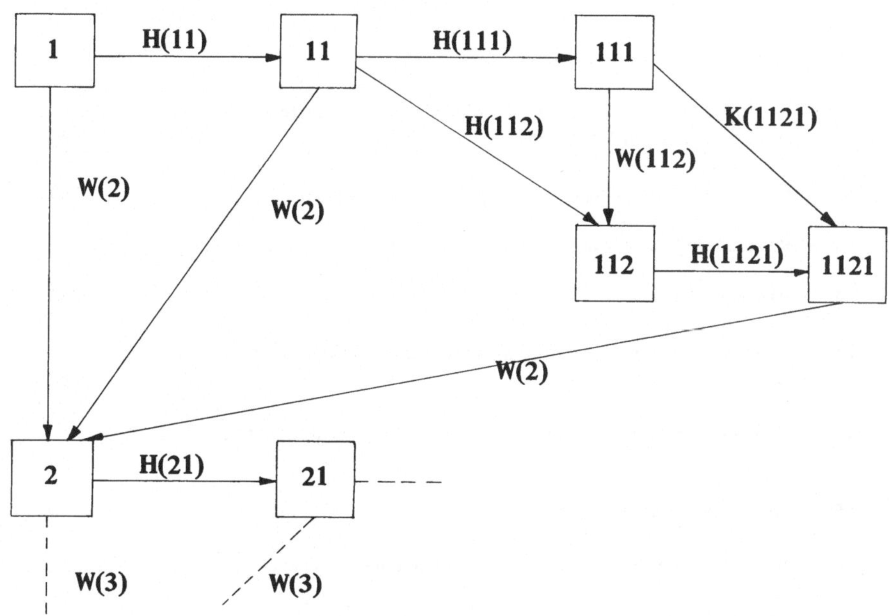

Inhaltsverzeichnis

1 Beispiele von Ordnungsrelationen

Vorbemerkung: Wir bezeichnen mit $\mathbb{N}$ die Menge der natürlichen Zahlen und mit $\mathbb{N}_0$ die Menge $\mathbb{N} \cup \{0\}$.

Durch

Definition 1: $a \leqslant b \iff$ es gibt ein $n \in \mathbb{N}_0$ mit $a + n = b$, „a kleiner oder gleich b"

Definition 2: $a \mathsf{T} b \iff$ es gibt ein $m \in \mathbb{N}$ mit $a \cdot m = b$, „a teilt b"

sind in $\mathbb{N}_0$ zwei Relationen gegeben, die Kleiner-Gleich-Relation und die Teilbarkeitsrelation.

Aufgabe: Zeigen Sie, daß T und $\leqslant$ Ordnungsrelationen in $\mathbb{N}_0$ sind! Geben Sie den wichtigsten Unterschied der beiden Relationen an! Bestätigen Sie, daß jede Potenzabbildung $h_k : \mathbb{N}_0 \longrightarrow \mathbb{N}_0$ mit $n \longrightarrow k^n$ für festes $k \in \mathbb{N}$ die Eigenschaft hat: aus $a \leqslant b$ folgt $h_k(a) \mathsf{T} h_k(b)$!

(Man nennt solche Abbildungen ordnungserhaltend).

1	Sind Ihnen die Eigenschaften bekannt, die für partielle und totale Ordnungsrelationen nachzuweisen sind?	**W(2), H(11)**
2	Prüfen Sie die Reflexivität (r) zuerst für $\leqslant$, dann für T!	**W(3), H(21)**
3	Prüfen Sie die Antisymmetrie (as) zuerst für T, dann für $\leqslant$!	**W(4), H(31)**
4	Prüfen Sie die Transitivität (t) zuerst für $\leqslant$, dann für T!	**W(5), H(41)**
5	Sind beide Relationen Totalordnungen (lineare Ordnungen)?	**K(511), H(51)**
6	Bestätigen Sie die Eigenschaft: $a \leqslant b \implies h_k(a)\,\mathsf{T}\,h_k(b)$ für $k = 2$ mit Hilfe der Definitionen 1 und 2!	**K(6111), H(61)**

11	Eine (partielle) Ordnungsrelation $\prec$ in der Menge M ist gekennzeichnet durch: (r) $a \prec a$ für alle $a \in M$ „Reflexivität" (as) aus $a \prec b$ und $b \prec a$ folgt $a = b$ „Antisymmetrie" (t) aus $a \prec b$ und $b \prec c$ folgt $a \prec c$ „Transitivität" Für eine Totalordnung muß darüberhinaus noch gelten: (v) $a \prec b$ oder $b \prec a$ für alle $a, b \in M$ „Vergleichbarkeit"	**W(2)**
21	Benutzen Sie, daß 0 Neutralelement in $(\mathbb{N}_0, +)$ ist, und zeigen Sie damit (r) für $\leqslant$!	**H(211)**
31	Schreiben Sie auf, was $a \mathsf{T} b$ und $b \mathsf{T} a$ nach Def. 2 bedeutet! Schließen Sie daraus (as) für T! Verfahren Sie entsprechend mit $\leqslant$!	**H(311)**
41	Was bedeutet $a \leqslant b$ und $b \leqslant c$ nach Def. 1? Schließen Sie wie bei (3). Entsprechend für T!	**H(411)**
51	Widerlegen Sie (v) für T mit einem Beispiel, etwa (2,3)!	**W(6), H(511)**
61	Nach Def. 1 heißt $a \leqslant b$: es gibt ein $n \in \mathbb{N}_0$ mit $a + n = b$. Für $k = 2$ folgt $h_2(b) = 2^b = \ldots$ Schließen Sie weiter auf $\ldots = h_2(a) \cdot m$!	**H(611)**

211	Da 0 neutral in $(\mathbb{N}_0, +)$ ist, gilt $a + 0 = a$ für alle $a \in \mathbb{N}_0$. Nach Def. 1 ist $a \leqslant a$ für alle $a \in \mathbb{N}_0$. Beweisen Sie analog (r) für T!	**H(2111)**
311	Nach Def. 2 heißt $a\,\mathsf{T}\,b$ und $b\,\mathsf{T}\,a$: es gibt Zahlen $m_1, m_2 \in \mathbb{N}$ mit $a \cdot m_1 = b$ und $b \cdot m_2 = a$. Ersetzen Sie a in der ersten Gleichung durch $b \cdot m_2$, und schließen Sie daraus (as) für T! Verfahren Sie entsprechend bei $\leqslant$!	**H(3111)**
411	Nach Def. 1 heißt $a \leqslant b$ und $b \leqslant c$: es gibt Zahlen $n_1, n_2 \in \mathbb{N}_0$ mit $a + n_1 = b$ und $b + n_2 = c$. Folgern Sie daraus (t) für $\leqslant$! Gehen Sie entsprechend für T vor!	**H(4111)**
511	3 teilt nicht 2, und 2 teilt auch nicht 3. Dagegen gilt für zwei natürliche Zahlen a, b immer wenigstens eine der Beziehungen $a \leqslant b$ oder $b \leqslant a$. Somit ist nur $\leqslant$ eine Totalordnung.	**W(6)**
611	$h_2(b) = 2^b = 2^{a+n} = 2^a \cdot 2^n = h_2(a) \cdot m$. Wenden Sie jetzt Def. 2 an!	**H(6111)**

2111	Da 1 neutral in $(\mathbb{N}_0, \cdot)$ ist, gilt $a \cdot 1 = a$ für alle $a \in \mathbb{N}_0$. Nach Def. 2 gilt also $a \mathsf{T} a$ für alle $a \in \mathbb{N}_0$.	**W(3)**
3111	Aus $a \cdot m_1 = b$ und $b \cdot m_2 = a$ folgt $(b \cdot m_2) \cdot m_1 = b$. Dann muß $m_2 \cdot m_1 = 1$ sein, und wegen $m_1, m_2 \in \mathbb{N}$ muß $m_1 = m_2 = 1$ und somit $a = b$ sein. Also gilt (as) für T. Entsprechend schließt man mit Def. 1 zuerst auf $(b + n_1) + n_2 = b$, also $n_1 + n_2 = 0$, also $n_1 = n_2 = 0$, also $a = b$.	**W(4)**
4111	$a + n_1 = b$ und $b + n_2 = c \implies (a + n_1) + n_2 = a + (n_1 + n_2) =$ $= a + n_3 = c$. Nach Def. 1 ist somit $a \leqslant c$. $a \cdot m_1 = b$ und $b \cdot m_2 = c \implies (a \cdot m_1) \cdot m_2 = a \cdot (m_1 \cdot m_2) = a \cdot m_3 = c$. Nach Def. 2 gilt somit $a \mathsf{T} b$.	**W(5)**
6111	$h_2(b) = h_2(a) \cdot m$, mit $m = 2^n \in \mathbb{N}$ heißt nach Def. 2: $h_2(a) \mathsf{T} h_2(b)$. Wie vereinfacht sich der Beweis für h_1?	**Fertig**

2 Beispiel einer Äquivalenzrelation

Vorbemerkung: Am Beispiel der Kongruenz modulo 5 soll der Begriff der Äquivalenzrelation wiederholt werden. In der Menge $\mathbf{Z}$ der ganzen Zahlen sei die Relation $\sim$ definiert durch $x \sim y \Longleftrightarrow 5\mathsf{T}x-y$ (5 teilt $x-y$).

Aufgabe: Zeigen Sie, daß $\sim$ eine Äquivalenzrelation ist! Geben Sie ein Schaubild der Relation in einem kartesischen Koordinatensystem an, und schreiben Sie alle Äquivalenzklassen auf!

1	Welche Eigenschaften sind für die Relation $\sim$ nachzuprüfen? Eigenschaften gefunden und nachgeprüft.	**H(11)** **K(111,112,113)**
2	Die ganzzahligen Gitterpunkte in einem kartesischen Koordinatensystem stellen die Menge $\mathbf{Z} \times \mathbf{Z}$ dar. Die Relation $\sim$ kann man veranschaulichen, indem man in diesem Koordinatengitter die Punkte mit den Koordinaten (x, y) mit $x \sim y$ markiert. Markieren Sie alle Punkte, die zum Schaubild der Relation gehören und für die gilt $\lvert x \rvert \leqslant 8$ und $\lvert y \rvert \leqslant 8$!	**K(211), H(21)**
3	Die ganzen Zahlen x und y kann man in der Form darstellen $x = 5z_1 + r_1$, $y = 5z_2 + r_2$ mit $z_1, z_2 \in \mathbf{Z}$ und $0 \leqslant r_1 < 5$ und $0 \leqslant r_2 < 5$. Zeigen Sie, daß gilt $x \sim y \Longleftrightarrow r_1 = r_2$!	**W(4), H(31)**
4	Geben Sie mit Hilfe von (3) die Äquivalenzklassen an!	**K(41)**

11	Zu prüfen: a) Reflexivität: $x \sim x$ für alle x, b) Symmetrie: $x \sim y \Longrightarrow y \sim x$, c) Transitivität: $x \sim y$ und $y \sim z \Longrightarrow x \sim z$.	**H(111)** **H(112)** **H(113), W(2)**
21	Zum Schaubild der Relation $\sim$ gehören z. B. die Punkte mit den Koordinatenpaaren $(1,6)$, $(0,5)$, $(-1,4)$, ... $(1,1)$, $(2,2)$, $(3,3)$, ... $(3,-2)$, $(2,-3)$, $(1,-4)$, ... Vervollständigen Sie das Schaubild!	**K(211)**
31	Wir zeigen: $x \sim y \Rightarrow r_1 = r_2$. $x \sim y \Longleftrightarrow 5\,\mathsf{T}\,x-y$ nach Definition von $\sim$. $x-y = 5(z_1 - z_2) + r_1 - r_2$, also $5\,\mathsf{T}\,r_1 - r_2$. Wegen $0 \leqslant r_1 < 5$ und $0 \leqslant r_2 < 5$ folgt $r_1 - r_2 = 0$. Zeigen Sie jetzt umgekehrt $r_1 = r_2 \Longrightarrow x \sim y$!	**K(32)**
32	$r_1 = r_2 \Longrightarrow x-y = 5(z_1 - z_2)$, also $5\,\mathsf{T}\,x-y$, also $x \sim y$.	**W(4)**
41	In einer Äquivalenzklasse liegen alle ganzen Zahlen, die bei Division durch 5 denselben Rest r lassen. Diese Klasse bezeichnet man gewöhnlich mit $\tilde{r}$. Es gibt somit fünf Restklassen modulo 5: $\tilde{0} = \{x \mid x = 5z + 0\} = \{\ldots, -10, -5, 0, 5, 10, 15, \ldots\}$ $\tilde{1} = \{x \mid x = 5z + 1\} = \{\ldots, -9, -4, 1, 6, 11, 16, \ldots\}$ und analog $\tilde{2}$, $\tilde{3}$, $\tilde{4}$.	**Fertig**

111	Reflexivität: $x \sim x$, denn $x-x = 0$ und $5\mathsf{T}0$.	**W(11b)**
112	Symmetrie: $x \sim y \Longrightarrow y \sim x$, denn aus $5\mathsf{T}x{-}y$ folgt $5\mathsf{T}y{-}x$ wegen $y-x = -\,(x-y)$.	**W(11c)**
113	Transitivität: $x \sim y$ und $y \sim z \Longrightarrow x \sim z$, denn aus $5\mathsf{T}x{-}y$ und $5\mathsf{T}y{-}z$ folgt $5\mathsf{T}x{-}z$ wegen $x-z = (x-y) + (y-z)$.	**W(2)**
211	Schaubild der Relation: 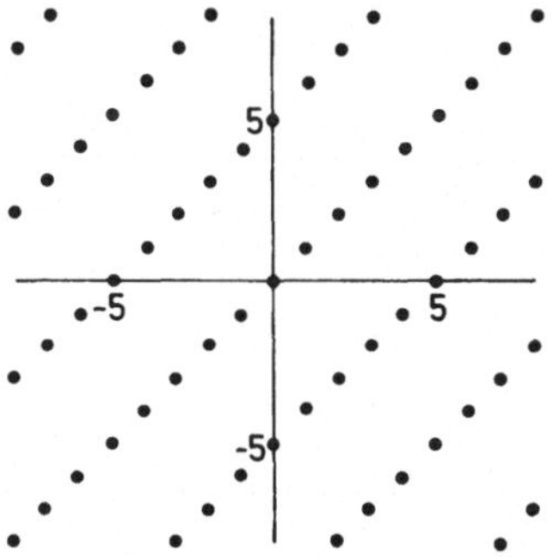	**W(3)**

Vorbemerkung: Für die Menge $T_8 = \{8, 4, 2, 1\}$ der Teiler von 8 sei eine Operation $\circ$ durch die nebenstehende Tafel gegeben. Das Ergebnis $a \circ b$ ist in der Zeile von a und der Spalte von b abzulesen.

Beispiel: $4 \circ 2 = 2$

$\circ$	8	4	②	1
8	1	2	4	8
④	2	1	②	4
2	4	2	1	2
1	8	4	2	1

Aufgabe: a) Entscheiden Sie ohne Rechnung anhand der Tafel, ob T_8 mit $\circ$ ein Verknüpfungsgebilde und darüberhinaus eine Gruppe ist! b) Untersuchen Sie $(T_8, \circ)$ im einzelnen auf die Gültigkeit der nachfolgenden Eigenschaften:

Für alle a, b, c aus T_8 gilt

(A) $a \circ (b \circ c) = (a \circ b) \circ c$ (Assoziativgesetz),

(N)   Es gibt ein Element $n \in T_8$ mit $a \circ n = a = n \circ a$, (Existenz eines Neutralelementes

(I)   Zu jedem a existiert genau ein $\overline{a} \in T_8$ mit: $a \circ \overline{a} = n = \overline{a} \circ a$ (Existenz der Inverselemente),

(L)   Jede Gleichung $a \circ x = b$ und $y \circ a = b$ besitzt genau eine Lösung,

(K) $a \circ b = b \circ a$ (Kommutativgesetz).

1	Sind Ihnen die Begriffe Verknüpfung und Verknüpfungsgebilde klar? Ist T_8 mit $\circ$ ein Verknüpfungsgebilde?	**W(2), H(11)**
2	Glauben Sie unmittelbar an der Tafel sehen zu können, a) daß $(T_8, \circ)$ eine Gruppe ist?	**K(21)**
	b) daß $(T_8, \circ)$ keine Gruppe ist?	**K(22)**
3	Welche von den Eigenschaften (A), (N), (I), (L), (K) können ohne weitere Rechnung aus der Tafel abgelesen werden?	**K(311, 312, 3131, 3141) H(31)**
4	Um die Gültigkeit von (A) zu zeigen, müssen im endlichen Fall u. U. alle möglichen Dreierprodukte nachgerechnet werden (vgl. aber auch (6)). Um zu zeigen ,daß (A) nicht gilt, genügt ein Gegenbeispiel mit $a \circ (b \circ c) \neq (a \circ b) \circ c$. Suchen Sie ein solches Gegenbeispiel!	**W(5), H(41)**
5	Geben Sie zusammenfassend die Eigenschaften von $(T_8, \circ)$ an!	**K(51)**
6	**Bemerkung:** $\circ$ ist aus kgV (kleinstes gemeinsames Vielfaches) und ggT (größter gemeinsamer Teiler) für natürliche Zahlen gebildet: $a \circ b = \dfrac{\text{kgV}\,(a,b)}{\text{ggT}\,(a,b)}$. Stellen Sie damit für $(T_6, \circ)$ mit $T_6 = \{1, 2, 3, 6\}$ die Verknüpfungstafel auf! Prüfen Sie, ob $(T_6, \circ)$ eine Gruppe ist, und vergleichen Sie mit **PA 4**! Wenn Sie Isomorphie von $(T_6, \circ)$ zu den beiden Gruppen festgestellt haben, brauchen Sie (A) für $(T_6, \circ)$ nicht nachzuprüfen. Sind zwei VG $(M, \circ)$ und $(H, *)$ isomorph und ist etwa $(H, *)$ assoziativ, dann ist auch $(M, \circ)$ assoziativ. (A) bleibt bei Isomorphie erhalten.	**Fertig**

11	Eine Verknüpfung ∘ in M ist eine Abbildung $M \times M \rightarrow M$. Kriterium: $a \circ b \in M$ für alle $a, b \in M$. M zusammen mit der Verknüpfung ∘ heißt dann Verknüpfungsgebilde $(M, \circ)$. Bestätigen Sie damit $(T_8, \circ)$ als VG!	**W(2)**
21	Sie haben irgendetwas verwechselt. Geben Sie von den Eigenschaften (A) bis (K) solche an, die Gruppen kennzeichnen: a) eine Möglichkeit ohne (L)	**K(211)**
	b) weitere Möglichkeiten mit (L)	**K(212)**
22	Sie haben erkannt, daß die Eigenschaft (L), die jede Gruppe besitzt, in $(T_8, \circ)$ nicht gilt: $4 \circ x = 2$ hat z. B. zwei, $4 \circ x = 8$ keine Lösung. Sind Ihnen verschiedene Kennzeichnungen für Gruppen bekannt?	**K(212)**
31	Alle Eigenschaften außer (A). Ist klar wie?	**W(4), H(311 bis 314)**
41	Rechnen Sie $2 \circ (4 \circ 8)$ und $(2 \circ 4) \circ 8$ aus!	**K(411)**
51	(N): 1 ist Neutralelement; (I): alle $a \in T_8$ sind selbstinvers; (K): die Tafel ist symmetrisch zur Diagonalen von links oben nach rechts unten. $(T_8, \circ)$ ist keine Gruppe, da (A) und (L) nicht gelten.	**W(6)**

211	Sie kennen die Kennzeichnung von Gruppen durch (A), (N), (I). Es gibt noch weitere Möglichkeiten mit Hilfe von (A) bis (K).	**W(212)**
212	Außer mit (A), (N), (I) kann man eine Gruppe etwa mit (A), (N), (L) kennzeichnen. Es genügen sogar (A) und (L). a) Wie folgt (I) aus (A), (N), (L)?	**K(2121)**
	b) Wie folgt (L) aus (A), (N), (I)?	**K(2122)**
311	(N): $n \circ a = a$ für alle a heißt, daß die Zeile von n mit der Kopfzeile der Tafel übereinstimmen muß. Entsprechend bedeutet $a \circ n = a$, daß die Spalte von n gleich der Randspalte der Tafel ist. Hier ist also $n = 1$.	**W(312)**
312	Die Eigenschaft (I), daß es zu jedem a genau ein $\bar{a}$ gibt mit $a \circ \bar{a} = n$ bedeutet, daß n in jeder Zeile der Tafel genau einmal vorkommen muß. Entsprechend heißt $\bar{a} \circ a = n$, daß n in jeder Spalte der Tafel genau einmal stehen muß. Geben Sie die Inversen von $1, 2, 4, 8$ an!	**K(3121)**
313	(L): $a \circ x = b$ ist eindeutig lösbar für alle $a, b \in T_8$. Welche b müssen demnach in der Zeile von a vorkommen und wie oft? Was folgt entsprechend aus der eindeutigen Lösbarkeit von $y \circ a = b$?	**W(314) H(3131)**

314	(K): $a \circ b = b \circ a$ für alle $a, b \in T_8$. Welche Symmetrie muß die Tafel aufweisen? 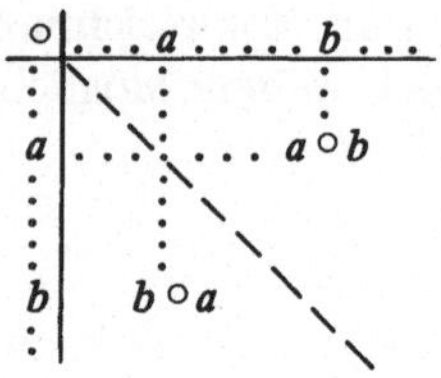	**W(4) H(3141)**
411	$2 \circ (4 \circ 8) = 2 \circ 2 = 1$, aber $(2 \circ 4) \circ 8 = 2 \circ 8 = 4$. Also gilt (A) nicht.	**W(5)**

2121	Aus (A), (N), (L) folgt (I), denn nach (L) sind $a \circ x = n$ und $y \circ a = n$ eindeutig lösbar. Die Lösungen seien $\bar{a}$ und $\bar{a}'$. Wegen $\bar{a}' \circ (a \circ \bar{a}) = \bar{a}' \circ n = \bar{a}'$ und $(\bar{a}' \circ a) \circ \bar{a} = n \circ \bar{a} = \bar{a}$ und (A) ist $\bar{a} = \bar{a}'$.	**W(212b)**
2122	Aus (A), (N), (I) folgt (L), denn es ist $\bar{a} \circ b$ Lösung von $a \circ x = b$ und $b \circ \bar{a}$ Lösung von $y \circ a = b$ (bitte nachrechnen!). Die Lösung ist eindeutig bestimmt, denn aus $a \circ c = b$ und $a \circ d = b$ folgt $c = d$ (Multiplikation mit $\bar{a}$).	**W(3)**
3121	$\bar{1} = 1,\ \bar{2} = 2,\ \bar{4} = 4,\ \bar{8} = 8$. Allgemein gilt hier $a \circ a = n$, also $\bar{a} = a$. Solche a heißen „*selbstinvers*" oder auch „*involutorisch*".	**W(313)**
3131	Jedes b kommt in der Zeile von a genau einmal vor. Dies gilt für jedes a. Entsprechendes gilt für die Spalten. Zusammen: Jedes Element steht in jeder Zeile und jeder Spalte genau einmal. In unserem Beispiel nicht erfüllt (vgl. (22)).	**W(314)**
3141	(K): Symmetrie der Tafel zur Diagonale von links oben nach rechts unten.	**W(4)**

Vorbemerkung: Die im folgenden unter **a)** und **b)** angegebenen Verknüpfungsgebilde sollen miteinander verglichen werden.

a) Sei $\mathbf{Z}_8$ die Menge der Restklassen mod 8 und $V = \{\tilde{1}, \tilde{3}, \tilde{5}, \tilde{7}\}$ eine Teilmenge von $\mathbf{Z}$. Durch die Restklassenmultiplikation: $\tilde{a} \cdot \tilde{b} = \widetilde{a \cdot b}$ (Produkt der Restklassen gleich Restklasse des Produktes in $\mathbf{Z}$; z. B. $\tilde{3} \cdot \tilde{7} = \widetilde{21} = \tilde{5}$) wird $(\mathbf{Z}_8, \cdot)$ ein Verknüpfungsgebilde und zwar eine kommutative Halbgruppe mit Einselement $\tilde{1}$.

b) Die Deckbewegungen des Rechtecks $ABCD$ nennen wir

$$i : \begin{pmatrix} ABCD \\ ABCD \end{pmatrix} \text{ identische Abbildung}$$

$$d : \begin{pmatrix} ABCD \\ CDAB \end{pmatrix} \text{ Drehung um } 180°$$

$$u : \begin{pmatrix} ABCD \\ BADC \end{pmatrix} \text{ Spiegelung an der Achse } u$$

$$v : \begin{pmatrix} ABCD \\ DCBA \end{pmatrix} \text{ Spiegelung an der Achse } v.$$

Die Menge D der *Deckbewegungen des Rechtecks* bildet mit der Verknüpfung $\circ$ (Hintereinanderausführen von Abbildungen) ein Verknüpfungsgebilde $(D, \circ)$.

c) Zwei Verknüpfungsgebilde $(A, *)$ und $(B, \square)$ heißen *isomorph*, wenn es eine bijektive Abbildung $h: A \longrightarrow B$ gibt mit der Eigenschaft
für alle $x, y \in A$ gilt: $h(x * y) = h(x) \square h(y)$.

Aufgabe: Zeigen Sie:

$\alpha)$ $(V, \cdot)$ ist eine kommutative Gruppe.

$\beta)$ $(V, \cdot)$ ist isomorph zu $(D, \circ)$.

$\gamma)$ $(D, \circ)$ ist eine kommutative Gruppe.

1	Zu α: Zählen Sie auf, was im einzelnen nachzuprüfen ist.	**K(11), H(111)**
2	Stellen Sie die Verknüpfungstafel für $(V, \cdot)$ auf.	**K(61a)**
3	Was können Sie sofort aus der Verknüpfungstafel für $(V, \cdot)$ ablesen?	**W(4), H(31)**
4	Warum ist $(V, \cdot)$ assoziativ?	**W(5), H(41)**
5	Stellen Sie die Verknüpfungstafel für $(D, \circ)$ auf.	**K(61b)**
6	Schreiben Sie die beiden Verknüpfungstafeln nebeneinander auf, und geben Sie einen Isomorphismus an.	**W(7), H(61c)**
7	Beweisen Sie jetzt, daß $(D, \circ)$ eine kommutative Gruppe ist.	**Fertig H(71)**

11	Haben Sie daran gedacht, daß zunächst die Abgeschlossenheit von V bezüglich · geprüft werden muß, daß man also zunächst fragen muß, ob $(V, \cdot)$ ein Untergebilde von $(\mathbf{Z}_8, \cdot)$ ist?	**W(111)**
31	a) $(V, \cdot)$ ist kommutativ. Warum?	**K(311)**
	b) $\widetilde{1}$ ist neutrales Element. Warum?	**K(312)**
	c) Zu jedem Element $\widetilde{a}$ gibt es genau ein inverses Element $\widetilde{a}^{-1}$. Warum? (vgl. **PA3**)	**K(313)**
41	$(\mathbf{Z}_8, \cdot)$ ist assoziativ, also erst recht das Untergebilde $(V, \cdot)$	**W(5)**

61

a) Verknüpfungstafel für $(V, \cdot)$

$\cdot$	$\widetilde{1}$	$\widetilde{3}$	$\widetilde{5}$	$\widetilde{7}$
$\widetilde{1}$	$\widetilde{1}$	$\widetilde{3}$	$\widetilde{5}$	$\widetilde{7}$
$\widetilde{3}$	$\widetilde{3}$	$\widetilde{1}$	$\widetilde{7}$	$\widetilde{5}$
$\widetilde{5}$	$\widetilde{5}$	$\widetilde{7}$	$\widetilde{1}$	$\widetilde{3}$
$\widetilde{7}$	$\widetilde{7}$	$\widetilde{5}$	$\widetilde{3}$	$\widetilde{1}$

W(3)

b) Verknüpfungstafel für $(D, \circ)$

$\circ$	i	d	u	v
i	i	d	u	v
d	d	i	v	u
u	u	v	i	d
v	v	u	d	i

W(6)

	c) Warum ist die Abbildung $h: V \longrightarrow D$ mit $h(\widetilde{1}) = i$, $h(\widetilde{3}) = d$, $h(\widetilde{5}) = u$, $h(\widetilde{7}) = v$ ein Isomorphismus von $(V, \cdot)$ auf $(D, \circ)$?	**H(611)**
71	Es gibt zwei Möglichkeiten: a) Sie weisen direkt für $(D, \circ)$ die Gruppengesetze nach;	**H(711)**
	b) Sie benutzen einen Satz über das Bild einer Gruppe bei einem Isomorphismus.	**H(712)**

111	**a)** Abgeschlossenheit von V bezüglich $\cdot$ in $\mathbb{Z}_8$;	**H(1111)**
	b) ferner ist zu prüfen: Assoziativgesetz, Kommutativgesetz, Existenz des neutralen und der inversen Elemente.	**W(2)**
311	Die Tafel ist symmetrisch zur Diagonale von links oben nach rechts unten.	**W(31b)**
312	Vergleichen Sie die erste Zeile und die Kopfzeile sowie die erste Spalte und die Randspalte der Tafel.	**W(31c)**
313	$\tilde{1}$ kommt in jeder Zeile und jeder Spalte genau einmal vor.	**W(4)**
611	h ist bijektiv, und für alle Elemente $\tilde{a}$ und $\tilde{b}$ aus V gilt $$h(\tilde{a} \cdot \tilde{b}) = h(\tilde{a}) \circ h(\tilde{b})$$ Was ist z. B. $h(\tilde{3} \cdot \tilde{5})$?	**W(7), H(6111)**
711	**a)** Warum gilt das Assoziativgesetz?	**H(7111)**
	b) Warum gilt das Kommutativgesetz? Wie heißt das neutrale Element? Wie heißen die inversen Elemente zu i, d, u, v?	**H(7112)**
712	*Satz:* Das isomorphe Bild einer kommutativen Gruppe ist wieder eine kommutative Gruppe. Anwendung des Satzes?	**H(7121)**

1111	Abgeschlossenheit von V bezüglich · bedeutet: für alle $x, y \in V$ ist $x \cdot y \in V$. Zur Überprüfung eignet sich die Verknüpfungstafel.	**W(111b)**
6111	$h(\widetilde{3} \cdot \widetilde{5}) = h(\widetilde{7}) = v$, und andererseits ist $h(\widetilde{3}) \circ h(\widetilde{5}) = d \circ u = v$.	**W(7)**
7111	Das Assoziativgesetz gilt stets für das Hintereinanderausführen von Abbildungen, also insbesondere für Bewegungen.	**W(711b)**
7112	Analog zu (3). Die Verknüpfungstafel ist symmetrisch; neutrales Element ist i; die Inversen sind: $\overline{i} = i,\ \overline{d} = d,\ \overline{u} = u,\ \overline{v} = v$.	**W(71b)**
7121	$(V, \cdot)$ ist eine kommutative Gruppe, und folglich ist $(D, \circ)$ als isomorphes Bild von $(V, \cdot)$ wieder eine kommutative Gruppe.	**Fertig**

5 Lineare Abhängigkeit von Vektoren des $\mathbb{R}^4$

Vorbemerkung: Vorausgesetzt werden elementare Kenntnisse über das Auflösen von linearen Gleichungssystemen (LGS).

Aufgabe: Bestätigen Sie, daß folgende Vektoren des $\mathbb{R}^4$ linear abhängig sind:

$$\mathit{v}_1 = (2, 1, 1, 2), \ \mathit{v}_2 = (1, 1, 0, 1), \ \mathit{v}_3 = (3, 2, 1, 0), \ \mathit{v}_4 = (3, 2, 1, 3).$$

1	Ist die Definition der linearen Abhängigkeit bekannt? Schreiben Sie diese für $\mathfrak{u}_1, \ldots, \mathfrak{u}_4$ auf!	**W(2), H(11)**
2	Geben Sie den Nullvektor des $\mathbb{R}^4$ an!	**W(3), H(21)**
3	Versuchen Sie, eine nichttriviale LK des Nullvektors zu erraten! Keine nichttriviale LK des Nullvektors gefunden?	**K(31), W(4)**
4	Geben Sie ein LGS für die Zahlen $x_1, \ldots, x_4$ an, so daß $x_1\mathfrak{u}_1 + x_2\mathfrak{u}_2 + x_3\mathfrak{u}_3 + x_4\mathfrak{u}_4 = \mathfrak{O}$ ist, und bestimmen Sie eine Lösung!	**W(5), H(41)**
5	Geben Sie jetzt mit **(411)** eine nichttriviale LK des Nullvektors an!	**H(51)**

11	Die Vektoren $v_1, \ldots, v_4$ sind genau dann linear abhängig, wenn es vier Zahlen $x_1, \ldots, x_4$ gibt, die nicht alle 0 sind, so daß $x_1 v_1 + x_2 v_2 + x_3 v_3 + x_4 v_4 = v$ ist.	**W(2)**
21	Im $\mathbb{R}^4$ ist $v = (0, 0, 0, 0)$.	**W(3)**
31	Zum Beispiel ist $v_4 - v_1 - v_2 = v$.	**W(4)**
41	$\begin{array}{lll} \text{I} & 2x_1 + x_2 + 3x_3 + 3x_4 = 0 & \text{(erste Komponente)} \\ \text{II} & x_1 + x_2 + 2x_3 + 2x_4 = 0 & \text{(zweite Komponente)} \\ \text{III} & x_1 \quad\ + x_3 + x_4 = 0 & \text{(dritte Komponente)} \\ \text{IV} & 2x_1 + x_2 \quad\ + 3x_4 = 0 & \text{(vierte Komponente)} \end{array}$ Aus den Gleichungen **I** und **IV** folgt $x_3 = 0$. (Rechnen Sie das nach!) Folgern Sie damit weiter aus **III** und **II** $x_1 = \ldots, x_2 = \ldots$ und machen Sie eine Fallunterscheidung: a) $x_4 = 0$; b) $x_4 \neq 0$ (z. B. $x_4 = 1$).	**H(411)**
51	Mit $x_1 = 1, x_2 = 1, x_3 = 0, x_4 = -1$ aus (411) ist $\quad v_1 + v_2 - v_4 = v$.	**Fertig**

---

411 Aus **III** folgt dann $x_1 = -x_4$ und damit aus **II** $x_2 = -x_4$.

a) Für $x_4 = 0$ ist dann $x_1 = x_2 = 0$ und nach (41) auch $x_3 = 0$ (triviale LK des Nullvektors).

b) Für $x_4 \neq 0$ ergeben sich nichttriviale LK des Nullvektors. Setzen Sie z. B. $x_4 = -1$; dann ist $x_1 = \ldots, x_2 = \ldots x_3 = \ldots$

W(5)

Vorbemerkung: Es seien ℓ_1, ℓ_2, ℓ_3, ℓ_4 linear unabhängige Vektoren aus dem Vektorraum V. Ein sehr nützliches Kriterium für die lineare Unabhängigkeit von Vektoren α_i aus der linearen Hülle der ℓ_j ist die „Treppengestalt" des Koeffizientenschemas, wie sie im nachfolgenden Beispiel vorliegt. Dieses Kriterium wird insbesondere im Zusammenhang mit den „Elementaren Umformungen" (vgl. **PA8, PA9**) angewendet.

Aufgabe: **a)** Zeigen Sie, daß die Vektoren

$$\alpha_1 = 2\,\ell_1 - 3\,\ell_2 + \ell_3 - 3\,\ell_4$$

$$\alpha_2 = \tfrac{1}{2}\,\ell_3 - 2\,\ell_4$$

$$\alpha_3 = 5\,\ell_4$$

Koeffizientenschema:

$$\begin{array}{ccc|c} 2 & -3 & 1 & -3 \\ 0 & 0 & \tfrac{1}{2} & -2 \\ 0 & 0 & 0 & 5 \end{array}$$

linear unabhängig sind.

b) Schreiben Sie nach diesem Kriterium die Vektoren τ_1, τ_2, $\tau_3 \in \mathrm{I\!R}^5$ so untereinander, daß man die lineare Unabhängigkeit sofort ablesen kann. $\tau_1 = (-2, 0, 1, 1, 0)$; $\tau_2 = (-3, 2, 0, 0, 0)$; $\tau_3 = (1, -\tfrac{1}{3}, \tfrac{1}{2}, 1, -1)$.

1	Ist das allgemeine Kriterium für lineare Unabhängigkeit bekannt?	W(2), H(11)
2	Zeigen Sie, daß die Darstellung $x_1 \, \mathfrak{a}_1 + x_2 \, \mathfrak{a}_2 + x_3 \, \mathfrak{a}_3 = \mathcal{U}$ nur trivial möglich ist (Einsetzen der $\mathfrak{b}_j$ und Aufstellen des LGS für x_1, x_2, x_3), und vergleichen Sie das LGS für die x_i mit dem Koeffizientenschema aus der **Aufgabe a)**!	K(2111), H(21)
3	Ordnen Sie die t_i nach steigender (oder fallender) Anzahl der Endnullen!	W(4), K(31)
4	Stellen Sie das aus $y_3 \, t_3 + y_2 \, t_2 + y_1 \, t_1 = \mathcal{U}$ resultierende LGS für die y_i auf und vergleichen Sie mit (31)!	K(411), H(41)

11	Die Vektoren $\alpha_1, \alpha_2, \ldots, \alpha_k$ sind genau dann linear unabhängig (l. u.), wenn aus $x_1\alpha_1 + x_2\alpha_2 + \ldots + x_k\alpha_k = \mathcal{O}$ folgt: $x_1 = x_2 = \ldots = x_k = 0$, d. h. $\mathcal{O}$ ist nur trivial aus den α_i linear kombinierbar.	**W(2)**
21	$x_1(2\mathscr{b}_1 - 3\mathscr{b}_2 + \mathscr{b}_3 - 3\mathscr{b}_4) + x_2(\frac{1}{2}\mathscr{b}_3 - 2\mathscr{b}_4) + x_3 5\mathscr{b}_4 = \mathcal{O}$ Fassen Sie die Vielfachen der $\mathscr{b}_j$ zusammen und schließen Sie weiter!	**K(2111), H(211)**
31	$t_3 = (\ 1, -\frac{1}{3},\ \frac{1}{2},\ 1,\ -1)$ oder $\quad t_2 = (-3,\ 2,\ 0,\ 0,\ 0)$ $t_1 = (-2,\ 0,\ 1,\ 1,\ 0)$ $\qquad\quad t_1 = (-2,\ 0,\ 1,\ 1,\ 0)$ $t_2 = (-3,\ 2,\ 0,\ 0,\ 0)$ $\qquad\quad t_3 = (\ 1, -\frac{1}{3},\ \frac{1}{2},\ 1, -1)$	**W(4)**
41	$y_3(\ 1, -\frac{1}{3},\ \frac{1}{2},\ 1, -1)$ $+\ y_1(-2,\ 0,\ 1,\ 1,\ 0)$ $+\ y_2(-3,\ 2,\ 0,\ 0,\ 0) = (0,0,0,0,0)$ $\qquad$ Stellen Sie das LGS für y_3, y_1, y_2 auf (in dieser Reihenfolge!)	**K(411)**

211	$2x_1 b_1 - 3x_1 b_2 + (x_1 + \frac{1}{2} x_2)\, b_3 + (-3x_1 - 2x_2 + 5x_3)\, b_4 = o.$ Nutzen Sie die lineare Unabhängigkeit der b_j aus und lösen Sie das hieraus resultierende LGS für x_1, x_2, x_3! (Kriterium 11)	**K(2111)**
411	Für die fünf Komponenten ergibt sich aus **(41)** der Reihe nach: $$\begin{aligned} y_3 - 2y_1 - 3y_2 &= 0 \\ -\tfrac{1}{3} y_3 \quad\quad + 2y_2 &= 0 \\ \tfrac{1}{2} y_3 + y_1 \quad\quad &= 0 \\ y_3 + y_1 \quad\quad &= 0 \\ -y_3 \quad\quad &= 0 \end{aligned}$$ $\Rightarrow y_3 = 0\ \} \Rightarrow y_1 = 0\ \} \Rightarrow y_2 = 0$	**Fertig**

2111

Da $\ell_1, \ell_2, \ell_3, \ell_4$ l. u. sind, folgt für die einzelnen
Koeffizienten von (211)

$$
\left.
\begin{array}{l}
2x_1 \qquad\qquad\quad = 0 \Rightarrow x_1 = 0 \\[4pt]
-3x_1 \qquad\qquad\; = 0 \\[4pt]
x_1 + \frac{1}{2}x_2 \qquad\; = 0 \\[4pt]
-3x_1 - 2x_2 + 5x_3 = 0
\end{array}
\right\}
\begin{array}{l}
\Bigr\} \Rightarrow x_2 = 0 \\[4pt]
\Bigr\} \Rightarrow x_3 = 0
\end{array}
$$

Das Koeffizientenschema des LGS stimmt bis auf Zeilen-Spalten-
vertauschung mit dem Koeffizientenschema der α_i aus Aufgabe a)
überein. Hier kann aus der speziellen Gestalt („Treppengestalt")
sukzessive $x_1 = 0$, $x_2 = 0$, $x_3 = 0$ gefolgert werden.

W(3)

Vorbemerkung: Die Vektoren $\mathcal{E}$ und η seien Linearkombinationen der beiden linear unabhängigen Vektoren α und b:

$$\mathcal{E} = a_{11}\alpha + a_{12}b, \qquad \eta = a_{21}\alpha + a_{22}b.$$

Aufgabe: Zeigen Sie, daß $\mathcal{E}$ und η genau dann linear abhängig sind, wenn $D = a_{11}a_{22} - a_{12}a_{21} = 0$ ist!

Zahlenbeispiele:
$$\mathcal{E} = 3\alpha + 5b, \quad \eta = -6\alpha - 10b, \qquad D = ?$$
$$\mathcal{E} = 3\alpha + 5b, \quad \eta = -6\alpha - 8b, \qquad D = ?$$

1	Ist die Definition der linearen Abhängigkeit bekannt? Schreiben Sie diese für φ und η auf!	**W(2), H(11)**
2	Zeigen Sie: Wenn φ und η l. a., dann $D = 0$.	**W(3), H(21)**
3	Wie vereinfacht sich der Schluß, wenn $\varphi = \mathcal{O}$ ist?	**W(4), H(31)**
4	Zeigen Sie jetzt die Umkehrung: $D = 0 \Rightarrow \varphi, \eta$ l. a.	**W(5), H(41)**
5	Wie erhält man ein Kriterium für die lineare Unabhängigkeit von φ und η?	**K(51)**

11	φ und η sind genau dann 1. a., wenn der Nullvektor $\mathcal{O}$ nichttrivial aus ihnen linear kombinierbar ist, d. h. wenn es zwei Zahlen x und y gibt, die nicht beide 0 sind, mit $x\,\varphi + y\,\eta = \mathcal{O}$.	**W(2)**
21	Sei $x\,\varphi + y\,\eta = \mathcal{O}$ eine nichttriviale LK mit $x \neq 0$. Dann ist $\varphi = -\frac{y}{x}\,\eta$. Ersetzen Sie φ und η entsprechend der Vorbemerkung, und schließen Sie selbst weiter!	**H(211)**
22	Sei $x\,\varphi + y\,\eta = \mathcal{O}$ eine nichttriviale LK und $x = 0$. Dann muß $y \neq 0$ sein, und es ist $\eta = -\frac{x}{y}\,\varphi$. Man schließt analog zu (21). Führen Sie dies durch!	**W(3)**
31	Da $\mathfrak{a}$ und $\mathfrak{b}$ 1. u. sind, folgt aus $\varphi = \mathcal{O}$ $a_{11} = a_{12} = 0$ und damit $D = 0$. Analog für $\eta = \mathcal{O}$.	**W(4)**
41	**1. Fall:** Sei $a_{11}a_{22} \neq 0$, also auch $a_{12}a_{21} \neq 0$. Dann folgt aus $D = 0$: $$a_{11}a_{22} = a_{12}a_{21}, \text{ also } \frac{a_{11}}{a_{21}} = \frac{a_{12}}{a_{22}} = k$$ und somit $a_{11} = ka_{21}, \quad a_{12} = ka_{22}$. Schließen Sie weiter!	**H(411)**

42	**2. Fall:** Sei $a_{11}a_{22} = 0$ und $a_{11} = 0$. Dann muß $a_{12} = 0$ oder $a_{21} = 0$ sein. **a)** Was folgt aus $a_{12} = 0$?	**K(421)**
	b) Was folgt aus $a_{21} = 0$?	**K(422)**
51	$\mathcal{U}$ und $\mathcal{W}$ sind genau dann linear unabhängig, wenn $$D = a_{11}a_{22} - a_{12}a_{21} \neq 0 \text{ ist.}$$	**Fertig**

211	$a_{11}\,\mathfrak{a} + a_{12}\,\mathfrak{b} = -\frac{y}{x}\,a_{21}\,\mathfrak{a} - \frac{y}{x}\,a_{22}\,\mathfrak{b}$ oder umgeschrieben $(a_{11} + \frac{y}{x}\,a_{21})\,\mathfrak{a} + (a_{12} + \frac{y}{x}\,a_{22})\,\mathfrak{b} = \mathfrak{o}$ Schließen Sie weiter!	**H(2111)**
411	$\mathfrak{q} = ka_{21}\,\mathfrak{a} + ka_{22}\,\mathfrak{b} = k\mathfrak{y}$, also $1 \cdot \mathfrak{q} - k\mathfrak{y} = \mathfrak{o}$. Dies ist wegen $1 \neq 0$ eine nichttriviale Darstellung des Nullvektors, und somit sind $\mathfrak{q}$ und $\mathfrak{y}$ l. a. Ist damit die Behauptung bewiesen?	**K(42)**
421	$a_{12} = 0 \implies \mathfrak{q} = \mathfrak{o}$. Der Nullvektor ist von allen Vektoren linear abhängig.	**W(42b)**
422	$a_{21} = 0 \Rightarrow \mathfrak{y} = a_{22}\,\mathfrak{b}$, und wegen $\mathfrak{q} = a_{12}\,\mathfrak{b}$ ist $a_{22}\,\mathfrak{q} - a_{12}\,\mathfrak{y} = a_{22}a_{12}\,\mathfrak{b} - a_{12}a_{22}\,\mathfrak{b} = (a_{22}a_{12} - a_{12}a_{22})\,\mathfrak{b} = \mathfrak{o}$. Diskutieren Sie analog den Fall $a_{22} = 0$!	**W(5)**

2111	Da $\mathfrak{a}$ und $\mathfrak{b}$ l. u. sind, kann man den Nullvektor *nur* trivial aus ihnen linear kombinieren. Es folgt also $a_{11} = -\frac{y}{x}\, a_{21}$ und $a_{12} = -\frac{y}{x}\, a_{22}$. Einsetzen ergibt $D = 0$. Ist damit die eine Richtung der Behauptung bewiesen?	**K(22)**

Vorbemerkung: Die Menge aller Linearkombinationen der Vektoren α_1, $\alpha_2, \ldots, \alpha_m \in$ nennt man die lineare Hülle dieser Vektoren und bezeichnet sie mit $U = [\alpha_1, \alpha_2, \ldots, \alpha_l$. U ist ein Untervektorraum von V, und man sagt, U werde von den Vektoren $\alpha_1, \alpha_2, \ldots, \alpha_m$ erzeugt. Es erhebt sich die Frage, wie man andere Mengen von Vektoren α_1^*, $\alpha_2^*, \ldots, \alpha_l^*$ findet, die auch U erzeugen und für die möglichst $l < m$ ist. Dazu dienen die folgenden elementaren Umformungen in U:

I   Man ersetze α_j durch $\alpha_j' = s \cdot \alpha_j$ mit $s \neq 0$.

II   Man ersetze α_j durch $\alpha_j'' = \alpha_j + t \cdot \alpha_k$ mit $k \neq j$.

III   Man vertausche α_i und α_j (III folgt auch aus I und II).

Aufgabe: a) Zeigen Sie, daß $U = U' = U''$ ist, wenn
$U' = [\alpha_1, \ldots, \alpha_j', \ldots, \alpha_m]$ mit $\alpha_j' = s\,\alpha_j$ gemäß I und
$U'' = [\alpha_1, \ldots, \alpha_j'', \ldots, \alpha_m]$ mit $\alpha_j'' = \alpha_j + t \cdot \alpha_k$ gemäß II ist.

b) *Beispiel:* $U = [\alpha_1, \alpha_2, \alpha_3, \alpha_4]$ mit $\alpha_1 = (1, 1, -2, 1)$, $\alpha_2 = (1, 0, 0, 0)$,
$\alpha_3 = (0, 1, -2, 0)$, $\alpha_4 = (2, 2, -4, 1)$ aus IR^4.
Zeigen Sie durch sukzessive Anwendungen von I und II, daß $U = U^*$ ist mit
$U^* = [\alpha_1^*, \alpha_2^*, \alpha_3^*, \alpha_4^*]$ und $\alpha_1^* = (0, 0, 0, 1)$, $\alpha_2^* = \alpha_2$, $\alpha_3^* = \alpha_3$, $\alpha_4^* = \mathcal{O}$.

c) Geben Sie in dem Beispiel **(b)** drei Vektoren aus U an, die auch U erzeugen.

1	$U = U'$. Zeigen Sie: $\varphi \in U \Rightarrow \varphi \in U'$ und umgekehrt. Warum muß $s \neq 0$ sein?	**W(2), H(11)**
2	$U = U''$. Zeigen Sie: $\varphi \in U \Rightarrow \varphi \in U''$ und umgekehrt. Warum muß $k \neq j$ sein?	**W(3), H(21)**
3	Ersetzung von $\alpha_1 = (1, 1, -2, 1)$ durch $\alpha_1^* = (0, 0, 0, 1)$ durch sukzessive Anwendung von I und II.	**W(4), H(31)**
4	Ersetzung von α_4 durch $\alpha_4^* = (0, 0, 0, 0) = \mathcal{O}$.	**W(5), H(41)**
5	Die Vektoren α_1^*, α_2^*, α_3^* liegen in U, und es ist $U = U^* = [\alpha_1^*, \alpha_2^*, \alpha_3^*]$	**Fertig**

11	Was bedeutet $\psi \in U$ bzw. $\psi \in U'$? Wenn man $s = 0$ zuläßt, kann man u_j durch v ersetzen. Das ist aber sicher keine Umformung, für die immer $U = U'$ gilt.	**H(111)**
21	$\psi \in U \Longleftrightarrow \psi = x_1 u_1 + \ldots + x_j u_j + \ldots + x_k u_k + \ldots + x_m u_m =$ $= x_1 u_1 + \ldots + x_j u_j + x_j t\, u_k + \ldots + x_k u_k - x_j t\, u_k + \ldots + x_m u_m$ Schließen Sie weiter!	**H(211)**
22	Zeigen Sie, daß man u_j durch v ersetzen kann, wenn man $k = j$ zuläßt!	**H(221)**
31	Wir gehen komponentenweise vor und suchen eine Umformung, nach der die erste Komponente von u_1 durch die erste Komponente von u_1^* ersetzt wird.	**H(311)**
32	Wir wiederholen das Verfahren für die zweite Komponente von u_1'', wobei aber die erste Komponente nicht mehr geändert werden soll.	**H(321)**
41	Folgendes Komponentenschema soll das Auffinden der Umformungen erleichtern: $\begin{array}{lrrrr} u_1^*: & 0 & 0 & 0 & 1 \\ u_2: & 1 & 0 & 0 & 0 \\ u_3: & 0 & 1 & -2 & 0 \\ u_4: & 2 & 2 & -4 & 1 \end{array}$ Die letzte Komponente zwingt zu der Umformung $u_4'' = u_4 - u_1^*$. Schreiben Sie das neue Komponentenschema mit u_1^*, u_2, u_3, u_4'' auf.	**H(411)**

111	$\varphi \in U$ heißt: φ ist LK der Vektoren $\alpha_1, \ldots, \alpha_m$, also $\varphi = x_1\,\alpha_1 + \ldots + x_j\,\alpha_j + \ldots + x_m\,\alpha_m$. $\varphi \in U'$ heißt: φ ist LK der Vektoren $\alpha_1, \ldots, \alpha_j', \ldots, \alpha_m$, also $\varphi = x_1'\,\alpha_1 + \ldots + x_j'\,\alpha_j' + \ldots + x_m'\,\alpha_m$. Zeigen Sie jetzt $\varphi \in U \Rightarrow \varphi \in U'$	**W(112), H(1111)**
112	Zeigen Sie umgekehrt: $\varphi \in U' \Rightarrow \varphi \in U$.	**W(2), H(1121)**
211	$\varphi = x_1\,\alpha_1 + \ldots + x_j\,\underbrace{(\alpha_j + t\,\alpha_k)}_{=\,\alpha_j''} + \ldots + \underbrace{(x_k - x_j t)}_{=\,x_k''}\alpha_k + \ldots + x_m\,\alpha_m$ also $\varphi \in U''$. Zeigen Sie jetzt umgekehrt: $\varphi \in U'' \Rightarrow \varphi \in U$	**H(212)**
212	$\varphi \in U'' \Longleftrightarrow \varphi = x_1''\,\alpha_1 + \ldots + x_j''\,\alpha_j'' + \ldots + x_k''\,\alpha_k + \ldots + x_m''\,\alpha_m$ $= x_1''\,\alpha_1 + \ldots + x_j''\,(\alpha_j + t\,\alpha_k) + \ldots + x_k''\,\alpha_k + \ldots + x_m''\,\alpha_m$ Schließen Sie weiter!	**H(2121)**
221	Für $k = j$ könnte man mit $t = -1$ erreichen $\alpha_j'' = \alpha_j - \alpha_j = \mho$ (vgl. dazu (11)).	**W(3)**
311	$\alpha_1 - \alpha_2 = \alpha_1'' = (0, 1, -2, 1)$	**W(32)**

321	$\alpha_1'' - \alpha_3 = (0,0,0,1) = \alpha_1^*$. Dieser Schritt hat also schon das Endergebnis gebracht. Es ist $\alpha_1^* = \alpha_1 - \alpha_2 - \alpha_3$.	W(4)
411	$\begin{array}{llccc} \alpha_1^*: & 0 & 0 & 0 & 1 \\ \alpha_2: & 1 & 0 & 0 & 0 \\ \alpha_3: & 0 & 1 & -2 & 0 \\ \alpha_4'': & 2 & 2 & -4 & 0 \end{array}$ Welche Schritte folgen jetzt?	H(4111)

1111	Man setze $x_i' = x_i$ für $i \neq j$, und wegen $\alpha_j' = s \cdot \alpha_j$ setze man $x_j' = \frac{1}{s} x_j$. Es ist $s \neq 0$.	W(112)
1121	Analog zu (1111), nur $x_j = sx_j'$.	W(2)
2121	$\varphi = x_1'' \alpha_1 + \ldots + x_j'' \alpha_j + \ldots + \underbrace{(x_k'' + x_j'' t)}_{= x_k} \alpha_k + \ldots + x_m'' \alpha_m,$ also $\varphi \in U$.	W(22)
4111	$\alpha_4''' = \alpha_4'' - 2\alpha_3 = (2,0,0,0),$ also Ergebnis mit III: $\alpha_4^* = \alpha_4''' - 2\alpha_2 = (0,0,0,0) = \sigma, \quad \alpha_1^* = (0,0,0,1)$ $\alpha_4 - \alpha_1^* - 2\alpha_3 - 2\alpha_2 = \sigma, \quad \alpha_3^* = (0,1,-2,0)$ $\alpha_2^* = (1,0,0,0)$ $\alpha_4^* = (0,0,0,0)$	W(5)

9   Bestimmung der Dimension und einer Basis der linearen Hülle von endlich vielen Vektoren

Vorbemerkung: Diese Aufgabe schließt sich an **PA 8** und **PA 6** an.

Aufgabe: Bestimmen Sie die Dimension und eine Basis $b_1, b_2, \ldots, b_r$ der linearen Hülle der Vektoren $\alpha_j \in \mathrm{IR}^5$ mit

$$\alpha_1 = (1,2,1,2,-3), \qquad \alpha_2 = (2,6,3,2,0), \qquad \alpha_3 = (2,0,0,-1,9),$$
$$\alpha_4 = (1,4,2,4,-9), \qquad \alpha_5 = (1,-2,-1,0,3)!$$

1	Geben Sie ein geeignetes Kriterium dafür an, daß die Vektoren $\ell_1, \ell_2, \ldots, \ell_r$ eine Basis von $[\alpha_1, \alpha_2, \ldots, \alpha_5]$ sind!	**W(2), H(11)**
2	Man wird die α_j mittels elementarer Umformungen durch geeignete ℓ_k ersetzen. Wie erreicht man, daß die ℓ_k dann auch linear unabhängig sind?	**W(3), H(21)**
3	Schreiben Sie das Komponentenschema für die α_j auf, und überlegen Sie sich geeignete elementare Umformungen!	**W(4), H(31)**
4	Welche Dimension hat $[\alpha_1, \ldots, \alpha_5]$? Geben Sie eine Basis an!	**K(41)**
5	Welche Dimension hat der Raum in **PA 8.b**?	**K(51)**

11	Die Vektoren $b_1, \ldots, b_r$ müssen linear unabhängig sein, und ihre lineare Hülle muß gleich $[\alpha_1, \ldots, \alpha_5]$ sein. Was folgt daraus für r?	**W(2), H(111)**
21	Man wählt die elementaren Umformungen so, daß man für die Komponenten der b_k „Treppengestalt" erhält (vgl. **PA 6**).	**W(3)**
31	$\alpha_1:\ 1\quad 2\quad 1\quad 2\ -3 \qquad b_1:\ 1\quad 0\quad 0\quad 1\quad 0$ $\alpha_2:\ 2\quad 6\quad 3\quad 2\quad 0 \qquad b_2:\ 0\quad 2\quad 1\quad 0\quad 0$ $\alpha_3:\ 2\quad 0\quad 0\ -1\quad 9 \qquad b_3:\ 0\quad 0\quad 0\quad 1\ -3$ $\alpha_4:\ 1\quad 4\quad 2\quad 4\ -9 \qquad v:\ 0\quad 0\quad 0\quad 0\quad 0$ $\alpha_5:\ 1\ -2\ -1\quad 0\quad 3 \qquad v:\ 0\quad 0\quad 0\quad 0\quad 0$ Es gibt viele Möglichkeiten für die elementaren Umformungen. Versuchen Sie, auf die Vektoren b_1, b_2, b_3 zu kommen.	**W(4), H(311)**
41	Die Dimension ist 3. $\{b_1, b_2, b_3\}$ aus **(31)** ist eine Basis.	**W(5)**
51	$\alpha_1^*, \alpha_2^*, \alpha_3^*$ sind linear unabhängig, also eine Basis von U, und es ist dim $U = 3$.	**Fertig**

111	$r \leqslant 5.$	**W(2)**
311	Führen Sie folgende Ersetzungen durch: $\mathfrak{a}'_1 = \mathfrak{a}_1 + \mathfrak{a}_5, \qquad \mathfrak{b}_1 = \frac{1}{2} \cdot \mathfrak{a}'_1,$ $\mathfrak{a}'_2 = \mathfrak{a}_2 - 2\,\mathfrak{b}_1, \qquad \mathfrak{b}_2 = \frac{1}{3}\,\mathfrak{a}'_2.$ **a)** Geben Sie dazu das Komponentenschema an!	**K(3111)**
	b) Suchen Sie weitere Umformungen!	**H(312)**
312	$\mathfrak{a}'_3 = \mathfrak{a}_3 - 2\,\mathfrak{b}_1, \quad \mathfrak{b}_3 = -\frac{1}{3}\,\mathfrak{a}'_3$ $\mathfrak{a}'_4 = \mathfrak{a}_4 - \mathfrak{b}_1 - 2\,\mathfrak{b}_2 - 3\,\mathfrak{b}_3 = \mathfrak{o}$ $\mathfrak{a}'_5 = \mathfrak{a}_5 - \mathfrak{b}_1 + \mathfrak{b}_2 + \mathfrak{b}_3 = \mathfrak{o}$ Geben Sie das Komponentenschema an!	**K(3121)**

3111

$\alpha_1:\quad 1\quad 2\quad 1\quad 2\ -3\quad\longleftarrow\ +\qquad\qquad \alpha_1':\quad 2\quad 0\quad 0\quad 2\quad 0\quad\cdot\tfrac{1}{2}$

$\alpha_2:\quad 2\quad 6\quad 3\quad 2\quad 0\qquad\qquad\qquad \alpha_2:\quad \dotfill\ (\text{ungeändert})\ .$

$\alpha_3:\quad 2\quad 0\quad 0\ -1\quad 9\qquad\qquad\qquad \alpha_3:\quad \dotfill$

$\alpha_4:\quad 1\quad 4\quad 2\quad 4\ -9\qquad\qquad\qquad \alpha_4:\quad \dotfill$

$\alpha_5:\quad 1\ -2\ -1\quad 0\quad 3\qquad\qquad\qquad \alpha_5:\quad \dotfill$

$b_1:\quad 1\quad 0\quad 0\quad 1\quad 0\quad\cdot(-2)\qquad b_1:\quad 1\quad 0\quad 0\quad 1\quad 0$

$\alpha_2:\quad 2\quad 6\quad 3\quad 2\quad 0\quad\longleftarrow\quad +\ \alpha_2':\quad 0\quad 6\quad 3\quad 0\quad 0\quad\cdot\tfrac{1}{3}$

$\alpha_3:\quad \dotfill\ (\text{ungeändert})\ .\qquad \alpha_3:\quad \dotfill\ (\text{ungeändert})\ .$

$\alpha_4:\quad \dotfill\qquad\qquad\qquad\qquad \alpha_4:\quad \dotfill$

$\alpha_5:\quad \dotfill\qquad\qquad\qquad\qquad \alpha_5:\quad \dotfill$

W(311b)

3121

$b_1:\quad 1\quad 0\quad 0\quad 1\quad 0\quad\cdot(-2)$

$b_2:\quad 0\quad 2\quad 1\quad 0\quad 0$

$\alpha_3:\quad 2\quad 0\quad 0\ -1\quad 9\quad\longleftarrow\quad +\ \cdot(-\tfrac{1}{3})$

$\alpha_4:\quad 1\quad 4\quad 2\quad 4\ -9$

$\alpha_5:\quad 1\ -2\ -1\quad 0\quad 3$

$b_1:\quad 1\quad 0\quad 0\quad 1\quad 0\quad\cdot(-1)$

$b_2:\quad 0\quad 2\quad 1\quad 0\quad 0\quad\cdot(-2)$

$b_3:\quad 0\quad 0\quad 0\quad 1\ -3\quad\cdot(-3)$

$\alpha_4:\quad 1\quad 4\quad 2\quad 4\ -9\quad\longleftarrow\ +\ \longleftarrow\ +\ \longleftarrow\ +$

$\alpha_5:\quad 1\ -2\ -1\quad 0\quad 3\qquad\qquad \longleftarrow\ +\ \longleftarrow\ +\ \longleftarrow\ +\ \ \mathbf{W(4)}$

Vorbemerkung: In dem zweidimensionalen Vektorraum V sei $\{\alpha_1, \alpha_2\}$ eine Basis. Dann hat jeder Vektor φ eine eindeutige Darstellung:

$$\varphi = x_1\,\alpha_1 + x_2\,\alpha_2 = \sum_{k=1}^{2} x_k\,\alpha_k \,.$$

Zwei Vektoren b_1 und b_2 aus V lassen sich also darstellen in der Form:

$$b_i = \sum_{k=1}^{2} a_{ik}\,\alpha_k \qquad i = 1,2 \,.$$

Aufgabe: Geben Sie eine Bedingung dafür an, daß $\{b_1, b_2\}$ auch eine Basis von V ist. Für die Darstellungen von φ bezüglich der alten Basis $\{\alpha_1, \alpha_2\}$ und der neuen Basis $\{b_1, b_2\}$:

$$\varphi = \sum_{k=1}^{2} x_k \alpha_k \,, \qquad \varphi = \sum_{i=1}^{2} y_i\, b_i$$

ist der Zusammenhang der y_i mit den x_k gesucht.

1	Die Summenschreibweise wird als bekannt vorausgesetzt. (z. B. $b_1 = \sum_{k=1}^{2} a_{1k} v_k = a_{11} v_1 + a_{12} v_2$).	**W(2)**
2	Wann bilden zwei Vektoren eines zweidimensionalen Vektorraums eine Basis?	**W(3), H(21)**
3	Geben Sie ein Kriterium für die a_{ik} an, das zeigt, ob $\{b_1, b_2\}$ eine Basis ist!	**K(31)**
4	Gesucht ist eine funktionale Abhängigkeit $x_k = f(y_i)$.	**W(5), H(41)**
5	Wie erhält man eine Abhängigkeit $y_i = g(x_k)$?	**K(5111), H(51)**

21	Die Vektoren müssen linear unabhängig sein.	**W(3)**
31	Es muß $D = a_{11}a_{22} - a_{12}a_{21} \neq 0$ sein.	**W(4)**
41	Es ist $\ell = \displaystyle\sum_{k=1}^{2} x_k \, v_k = \sum_{i=1}^{2} y_i \, b_i = \sum_{i=1}^{2} y_i \sum_{k=1}^{2} a_{ik} \, v_k.$ Formen Sie die letzte Summe um. Schreiben Sie notfalls die Summen aus!	**H(411)** **K(412)**
51	Man kann die linearen Gleichungen in **(411b)** nach den y_i auflösen. Welche Bedingung für die a_{ik} braucht man dabei wieder?	**H(511)**

411	Umformen ergibt $\displaystyle\sum_{k=1}^{2} x_k\,\mathfrak{a}_k = \sum_{k=1}^{2}\left(\sum_{i=1}^{2} a_{ik}\,y_i\right)\mathfrak{a}_k$. **a)** Schreiben Sie notfalls die Summen aus!	**K(413)**
	b) Daraus folgt die gesuchte Abhängigkeit: $\displaystyle (*)\quad x_k = \sum_{i=1}^{2} a_{ik}\,y_i \qquad k = 1,2\,.$ Warum?	**H(4111)**
412	$\mathfrak{r} = x_1\,\mathfrak{a}_1 + x_2\,\mathfrak{a}_2 = y_1\,\mathfrak{b}_1 + y_2\,\mathfrak{b}_2 = y_1\,(a_{11}\,\mathfrak{a}_1 + a_{12}\,\mathfrak{a}_2) +$ $+ y_2\,(a_{21}\,\mathfrak{a}_1 + a_{22}\,\mathfrak{a}_2).$	**W(411)**
413	$\mathfrak{r} = x_1\,\mathfrak{a}_1 + x_2\,\mathfrak{a}_2 = (a_{11}y_1 + a_{21}y_2)\,\mathfrak{a}_1 + (a_{12}y_1 + a_{22}y_2)\,\mathfrak{a}_2$ Koeffizientenvergleich ergibt die Gleichungen (*) in (411).	**W(411b)**
511	Die Gleichungen aus (411) lauten ausgeschrieben $x_1 = a_{11}y_1 + a_{21}y_2$ $x_2 = a_{12}y_1 + a_{22}y_2$ Lösen Sie nach y_1 und y_2 auf! Es ist $D \neq 0$!	**H(5111)**

4111	Da $\{\alpha_1, \alpha_2\}$ eine Basis ist, sind die Zahlen x_k *eindeutig* bestimmt (Koeffizientenvergleich!).	W(5)
5111	$y_1 = \frac{1}{D}\,(a_{22}x_1 - a_{21}x_2)$ $y_2 = \frac{1}{D}\,(-a_{12}x_1 + a_{11}x_2)$ mit $D = a_{11}a_{22} - a_{12}a_{21} \neq 0.$	Fertig

Vorbemerkung: Es sei $\{\alpha_1,\ \alpha_2\}$ eine Basis im zweidimensionalen Vektorraum V. Ferner sind gegeben die Vektoren

$$(*) \qquad \begin{aligned} b_1 &= 4\,\alpha_1 + 6\,\alpha_2 \\ b_2 &= \ \ \alpha_1 + 2\,\alpha_2 \end{aligned}$$

und $\quad p = 4\,\alpha_1 + \ \alpha_2, \qquad q = b_1 - b_2.$

Aufgabe: Weisen Sie nach, daß $\{b_1,\ b_2\}$ eine Basis von V ist, und stellen Sie α_1 und α_2 bezüglich der neuen Basis $\{b_1,\ b_2\}$ dar! Der Vektor p ist in der neuen, q in der alten Basis darzustellen. Schließlich ist der Zusammenhang der Komponenten x_k bzw. y_i eines Vektors p bezüglich der beiden Basen anzugeben.

$$(**) \qquad p = \sum_{k=1}^{2} x_k\,\alpha_k = \sum_{i=1}^{2} y_i\,b_i$$

1	Prüfen Sie, ob $\{b_1, b_2\}$ eine Basis ist!	W(2), H(11)
2	Berechnen Sie α_1, α_2 aus den obigen Gleichungen!	K(2111), H(21)
3	Geben Sie y in der neuen und a in der alten Basis an!	K(311), H(31)
4	Berechnen Sie x_1, x_2 in Abhängigkeit von y_i (b_i ersetzen mittels (*))!	K(4111), H(41)
5	Berechnen Sie y_1, y_2 in Abhängigkeit von den x_k (v_k ersetzen nach (2111))!	K(511), H(51)
6	Vergleichen Sie (2111) mit (511) und mit (5111) von **PA 10**! Vergleichen Sie auch (*) mit (4111)!	Fertig

11	Ist das Kriterium für die lineare Unabhängigkeit von b_1, b_2 bekannt? Bestätigen Sie für die Koeffizienten der b_i, daß $D = a_{11}a_{22} - a_{12}a_{21} \neq 0$ ist (vgl. **PA 7**)!	**K(111)**
21	Die Berechnung der a_i erfolgt durch Auflösen des Gleichungssystems (*) nach a_i. Etwa erste Gleichung minus viermal zweite Gleichung. Haben Sie hieraus a_2 und entsprechend a_1 gefunden?	**K(2111), H(211)**
31	Ersetzen Sie bei y die a_k nach (2111) $y = 4(b_1 - 3b_2) + \ldots$ und bei q die b_i nach (*), und fassen Sie die Vielfachen der Basisvektoren zusammen!	**K(311)**
41	(**) lautet ausführlich geschrieben: $x_1 a_1 + x_2 a_2 = y_1 b_1 + y_2 b_2$. Ersetzen Sie die b_i nach (*), und führen Sie Koeffizientenvergleich durch!	**K(4111), H(411)**
51	In (**) a_1, a_2 nach (2111) ersetzt: $x_1(b_1 - 3b_2) + x_2(\ldots) = y_1 b_1 + y_2 b_2$. Ergänzen Sie das Fehlende, und führen Sie den Koeffizientenvergleich durch!	**K(511)**

111	Für die Koeffizienten von ℓ_1, ℓ_2 aus (*) $a_{11} = 4$, $a_{12} = 6$, $a_{21} = 1$, $a_{22} = 2$ ist $D = 2 \neq 0$, also sind ℓ_1, ℓ_2 l.u., und $\{\ell_1, \ell_2\}$ ist eine Basis.	**W(2)**
211	Erste Gleichung minus viermal zweite Gleichung ergibt $$\ell_1 - 4\,\ell_2 = -2\,a_2, \quad \text{also} \quad a_2 = -\tfrac{1}{2}\,\ell_1 + 2\,\ell_2.$$ Berechnen Sie entsprechend a_1!	**K(2111)**
311	Nach (2111) ist $q = 4(\ell_1 - 3\,\ell_2) + (-\tfrac{1}{2}\,\ell_1 + 2\,\ell_2) =$ $= \tfrac{7}{2}\,\ell_1 - 10\,\ell_2$, und nach (*) ist $q = 3\,a_1 + 4\,a_2$.	**W(4)**
411	$x_1\,a_1 + x_2\,a_2 = y_1(4\,a_1 + 6\,a_2) + y_2(a_1 + 2\,a_2)$. Fassen Sie rechts die Vielfachen von a_1 bzw. a_2 zusammen, und vergleichen Sie beide Seiten der Gleichung!	**K(4111)**
511	Aus $x_1(\ell_1 - 3\,\ell_2) + x_2(-\tfrac{1}{2}\,\ell_1 + 2\,\ell_2) = y_1\,\ell_1 + y_2\,\ell_2$ folgt wegen der Eindeutigkeit der Darstellung: $$y_1 = x_1 - \tfrac{1}{2}\,x_2$$ $$y_2 = -3x_1 + 2x_2$$	**W(6)**

2111	Erste Gleichung minus dreimal zweite Gleichung ergibt $b_1 - 3\,b_2 = a_1.$ Ergebnis: $a_1 = b_1 - 3\,b_2$ und nach (211) $a_2 = -\frac{1}{2}\,b_1 + 2\,b_2$	**W(3)**
4111	$x_1\,a_1 + x_2\,a_2 = (4\,y_1 + y_2)\,a_1 + (6\,y_1 + 2\,y_2)\,a_2.$ Da $\{a_1,\ a_2\}$ Basis ist, folgt wegen der Eindeutigkeit der Darstellung des Vektors durch Koeffizientenvergleich $x_1 = 4\,y_1 + y_2$ $x_2 = 6\,y_1 + 2\,y_2$	**W(5)**

Vorbemerkung: Im vierdimensionalen arithmetischen Vektorraum IR^4 sind für jede reelle Zahl t drei Vektoren $\alpha_1 = (1, 2t, 0, 1)$, $\alpha_2 = (t, 0, 2t, 1)$, $\alpha_3 = (t, 1, t, 0)$ gegeben.

Aufgabe: Bestimmen Sie alle t, für die α_1, α_2, α_3 linear unabhängig sind. Zeigen Sie, daß dies insbesondere für $t = 0$ gilt, und ergänzen Sie in diesem Fall die drei Vektoren zu einer Basis des IR^4.

1	Schreiben Sie für jedes t die Bedingung für die lineare Unabhängigkeit auf! (vgl. **PA 5**)	**K(111), H(11)**
2	Zeigen Sie zunächst, daß für $t = 0$ α_1, α_2, α_3 l.u. sind: **a)** mit dem LGS **(111)**,	**K(21a)**
	b) anhand der „Treppengestalt" der Komponenten von α_1, α_2, α_3 (vgl. **PA 6**)!	**K(21b)**
3	Zeigen Sie jetzt, daß höchstens für $t = -1$ das LGS **(111)** nichttrivial lösbar ist!	**K(311), H(31)**
4	Ist damit gezeigt, daß α_1, α_2, α_3 genau dann linear unabhängig sind, wenn $t \neq -1$ ist?	**H(41)**
5	Sei jetzt $t = 0$. Ergänzen Sie die Vektoren $\alpha_1 = (1, 0, 0, 1)$ $\alpha_2 = (0, 0, 0, 1)$, $\alpha_3 = (0, 1, 0, 0)$ zu einer Basis des $\mathrm{I\!R}^4$!	**K(511), H(51)**

11	Für jedes gesuchte t muß gelten: Aus $x_1\,\alpha_1 + x_2\,\alpha_2 + x_3\,\alpha_3 = \sigma$ folgt $x_1 = x_2 = x_3 = 0$. Schreiben Sie diese Bedingung komponentenweise auf!	**K(111)**
21	**a)** Das LGS **(111)** lautet für $t = 0$: $\quad x_1 = 0,\ \ x_3 = 0,\ \ x_1 + x_2 = 0.$ Daraus folgt $x_1 = x_2 = x_3 = 0$.	**W(2b)**
	b) Komponentenschema für $t = 0$: $\quad\alpha_1:\ \ 1\quad 0\quad 0\quad 1$ („Treppengestalt") $\qquad\qquad\quad\ \alpha_3:\ \ 0\ \,|\ 1\quad 0\quad 0$ $\qquad\qquad\qquad\qquad\qquad\qquad\quad\ \alpha_2:\ \ 0\quad 0\quad 0\ \,|\ 1$	**W(3)**
31	Aus **(111, IV)** folgt $x_1 = -x_2$. Eingesetzt in **(II)** ergibt das $-2tx_2 + x_3 = 0$. Zusammen mit **(III)** folgt $x_3 = -tx_3$. Wie folgert man weiter?	**H(311)**
41	Es könnte noch sein, daß auch für $t = -1$ die α_i linear unabhängig sind. Geben Sie aber eine nichttriviale Linearkombination des Nullvektors an!	**H(411)**
51	Da die Vektoren $n_1 = (1, 0, 0, 0)$, $n_2 = (0, 1, 0, 0)$, $n_3 = (0, 0, 1, 0)$, $n_4 = (0, 0, 0, 1)$ nicht alle in der linearen Hülle von α_1, α_2, α_3 liegen können, gibt es sicher ein n_i, das von α_1, α_2, α_3 linear unabhängig ist. Geben Sie ein n_i an! (vgl. **21b**)	**H(511)**

111	$\begin{aligned} x_1 + tx_2 + tx_3 &= 0 \quad \text{(I)} \\ 2tx_1 \qquad\;\; + x_3 &= 0 \quad \text{(II)} \\ 2tx_2 + tx_3 &= 0 \quad \text{(III)} \\ x_1 + x_2 \qquad\;\; &= 0 \quad \text{(IV)} \end{aligned}$ Dieses LGS darf für die gesuchten t nur trivial lösbar sein.	**W(2)**
311	Für die Gleichung $x_3 = -tx_3$ bietet sich die Fallunterscheidung an: **a)** $t \neq -1$; dann ist $x_3 = 0$ und für $t \neq 0$ nach (111) **II** und **III** auch $x_1 = x_2 = 0$ (für $t = 0$ vgl. 21a!), **b)** $t = -1$; dann ist x_3 beliebig wählbar.	**W(4)**
411	Für $t = -1$ ergibt sich aus dem LGS (111): $x_2 = -x_1$ **(IV)**, $x_3 = 2x_1$ **(II)**, also für $x_1 = 1$ (z. B.) die Lösung $(1, -1, 2)$. Rechnen Sie nach, daß für $t = -1$ $1 \cdot \mathfrak{a}_1 - 1 \cdot \mathfrak{a}_2 + 2 \cdot \mathfrak{a}_3 = \mathfrak{o}$ ist!	**W(5)**
511	Wegen $\mathfrak{a}_2 = \mathfrak{n}_4$ und $\mathfrak{a}_3 = \mathfrak{n}_2$ kommen nur $\mathfrak{n}_1$ und $\mathfrak{n}_3$ in Frage. Wegen $\mathfrak{a}_1 = \mathfrak{n}_1 + \mathfrak{n}_4$ muß $\mathfrak{n}_3$ von $\mathfrak{a}_1, \mathfrak{a}_2, \mathfrak{a}_3$ linear unabhängig sein. Prüfen Sie dies noch einmal zur Übung nach (sowohl durch Lösen des zugehörigen LGS als auch durch Herstellen einer „Treppengestalt" der Komponenten von $\mathfrak{a}_1, \mathfrak{a}_2, \mathfrak{a}_3, \mathfrak{n}_3$)!	**Fertig**

Vorbemerkung: Im arithmetischen Vektorraum $\mathbb{R}^5$ sind zwei Untervektorräume $U_1 = [\alpha_1, \alpha_2, \alpha_3]$ und $U_2 = [\alpha_4, \alpha_5, \alpha_6]$ gegeben mit:

$$\alpha_1 = (1,2,1,-5,1), \qquad \alpha_2 = (1,2,1,-5,0), \qquad \alpha_3 = (0,2,0,-5,1),$$
$$\alpha_4 = (1,-2,1,5,-1), \qquad \alpha_5 = (1,0,2,3,0), \qquad \alpha_6 = (1,0,1,0,0).$$

Aufgabe: **a)** Bestimmen Sie eine Basis des Summenraumes $U_1 + U_2$!

b) Bestimmen Sie eine Basis des Durchschnittsraumes $D = U_1 \cap U_2$!

c) Geben Sie $U_1 + U_2$ als direkte Summe $D \oplus U_1' \oplus U_2'$ an mit $U_1' \subset U_1$, $U_2' \subset U_2$!

1	Geben Sie für $U_1 + U_2$ ein endliches Erzeugendensystem an!	**K(111), H(11)**
2	Konstruieren Sie durch elementare Umformungen eine Basis von $U_1 + U_2 = [\alpha_1, \alpha_2, \ldots, \alpha_6]$!	**K(211), H(21)**
3	Geben Sie vor der Bestimmung einer Basis von $U_1 \cap U_2$ durch elementare Umformungen einfachere Basen von U_1 und U_2 an!	**K(31)**
4	Welche Dimension hat $D = U_1 \cap U_2$ nach dem Dimensionssatz?	**W(5), H(41)**
5	Bestimmen Sie mit (4) eine Basis von D **a)** direkt mit Hilfe von (31)	**K(511), H(51)**
	b) mit dem allgemeinen rechnerischen Ansatz!	**H(52)**
6	Geben Sie eine Darstellung $U_1 + U_2 = D \oplus U_1' \oplus U_2'$ mit $U_1' \subset U_1$ und $U_2' \subset U_2$ durch Vergleich von (21) und (31) an!	**K(611), H(61)**

11	$U_1 + U_2$ ist die Menge der Vektoren $\breve{u} = \breve{u}_1 + \breve{u}_2$ mit $\breve{u}_1 \in U_1,\ \breve{u}_2 \in U_2$. Stellen Sie $\breve{u}$ mit Hilfe der a_i dar!	**H(111)**

21	Führen Sie durch elementare Umformungen das Komponentenschema der a_i in das der b_i über (vgl. **PA 8**), $\begin{array}{lrrrrr} a_1: & 1 & 2 & 1 & -5 & 1 \\ a_2: & 1 & 2 & 1 & -5 & 0 \\ a_3: & 0 & 2 & 0 & -5 & 1 \\ a_4: & 1 & -2 & 1 & 5 & -1 \\ a_5: & 1 & 0 & 2 & 3 & 0 \\ a_6: & 1 & 0 & 1 & 0 & 0 \end{array}$ $\qquad$ $\begin{array}{lrrrrr} b_1: & 1 & 0 & 1 & 0 & 0 \\ b_2: & 0 & 2 & 0 & -5 & 0 \\ b_3: & 0 & 0 & 1 & 3 & 0 \\ b_4: & 0 & 0 & 0 & 0 & 1 \\ o = b_5: & 0 & 0 & 0 & 0 & 0 \\ o = b_6: & 0 & 0 & 0 & 0 & 0 \end{array}$ und geben Sie damit eine Basis von $U_1 + U_2$ an!	**K(211)**

31	Ersetzen Sie durch elementare Umformungen die Komponentenschemata der a_i durch die der a_i'! $\begin{array}{lrrrrr} a_1: & 1 & 2 & 1 & -5 & 1 \\ a_2: & 1 & 2 & 1 & -5 & 0 \\ a_3: & 0 & 2 & 0 & -5 & 1 \\ a_4: & 1 & -2 & 1 & 5 & -1 \\ a_5: & 1 & 0 & 2 & 3 & 0 \\ a_6: & 1 & 0 & 1 & 0 & 0 \end{array}$ $\quad$ $\left.\begin{array}{lrrrrr} a_1': & 1 & 0 & 1 & 0 & 0 \\ a_2': & 0 & 2 & 0 & -5 & 0 \\ a_3': & 0 & 0 & 0 & 0 & 1 \end{array}\right\} U_1$ $\left.\begin{array}{lrrrrr} a_4': & 1 & 0 & 1 & 0 & 0 \\ a_5': & 0 & 2 & 0 & -5 & 1 \\ a_6': & 0 & 0 & 1 & 3 & 0 \end{array}\right\} U_2$	**W(4)**

41	Nach dem Dimensionssatz ist: $\dim U_1 + \dim U_2 = \dim (U_1 + U_2) + \dim (U_1 \cap U_2)$ $\qquad 3 \ + \ 3 \ = \ 4 \ + \dim (U_1 \cap U_2)$, also $\dim (U_1 \cap U_2) = 2.$	**W(5)**

51	Nach (41) sind zwei l. u. Vektoren aus $U_1 \cap U_2$ eine Basis von $D = U_1 \cap U_2$. Basis mit (31) gefunden?	**K(511), H(52)**
52	Für Vektoren $\vartheta \in D$ muß mit (31) gelten: $$x_1 \mathfrak{a}_1' + x_2 \mathfrak{a}_2' + x_3 \mathfrak{a}_3' = \vartheta = x_4 \mathfrak{a}_4' + x_5 \mathfrak{a}_5' + x_6 \mathfrak{a}_6'.$$ Stellen Sie durch Komponentenvergleich ein Gleichungssystem für $x_1, \ldots, x_6$ auf, und bestimmen Sie mit den Lösungen eine Basis von D!	**K(5211), H(521)**
61	Die Summe $U + V$ ist genau dann direkt (Schreibweise $U \oplus V$), wenn gilt $U \cap V = \{\mathfrak{v}\}$. Das ist genau dann der Fall, wenn es eine Basis $\{\mathfrak{a}_1, \mathfrak{a}_2, \ldots, \mathfrak{a}_k, \mathfrak{b}_{k+1}, \ldots, \mathfrak{b}_s\}$ von $U + V$ gibt, wobei $\{\mathfrak{a}_1, \ldots, \mathfrak{a}_k\}$ und $\{\mathfrak{b}_{k+1}, \ldots, \mathfrak{b}_s\}$ Basen von U bzw. V sind. Geben Sie eine geeignete Zerlegung einer Basis von $U_1 + U_2$ für $U_1 + U_2 = D \oplus U_1' \oplus U_2'$ an unter Verwendung von (21), (31)!	**K(611)**

111	$\breve{u} = \breve{u}_1 + \breve{u}_2 = (a_1\,v_1 + a_2\,v_2 + a_3\,v_3) +$ $+ (a_4\,v_4 + a_5\,v_5 + a_6\,v_6);$ also $U_1 + U_2 = [\,v_1, v_2, \ldots, v_6\,]$	**W(2)**
211	$\{b_1,\ b_2,\ b_3,\ b_4\}$ ist eine Basis von $U_1 + U_2$ (vgl. **PA 9**).	**W(3)**
511	Die Vektoren $v'_4,\ v'_5$ von **(31)** sind 1. u. und sowohl in U_2 als auch in U_1 enthalten: $v'_1 = v'_4$; $v'_2 + v'_3 = v'_5$. Mit **(41)** ist also $\{v'_4 = (1,0,1,0,0),\ v'_5 = (0,2,0,-5,1)\}$ eine Basis von $D = U_1 \cap U_2$. Vergleichen Sie mit dem allgemeinen Ansatz **(52)**!	**W(52)**
521	Komponentenvergleich der fünf Komponenten:	**K(5211)**

$$
\begin{array}{lll}
\text{I} & : x_1 & = x_4 \\
\text{II} & : 2x_2 & = 2x_5 \\
\text{III} & : x_1 & = x_4 \quad + \quad x_6 \\
\text{IV} & : -5x_2 & = -5x_5 + 3x_6 \\
\text{V} & : \quad x_3 & = x_5
\end{array}
$$

Aus I und III folgt: $x_6 = 0$. Wie vereinfacht sich das System?

611	Zerlegung einer Basis $\{b_1, b'_2, b_3, b_4\}$ von $U_1 + U_2$ mit	**Fertig**

$$
\begin{aligned}
b_1 &= (1,0,1,0,0), \\
b'_2 = b_2 + b_4 &= (0,2,0,-5,1), \\
b_3 &= (0,0,1,3,0), \\
b_4 &= (0,0,0,0,1),
\end{aligned}
$$

Es ist $\{b_1, b'_2\}$ eine Basis von D, und nach Konstruktion ist $U_1 + U_2 = D \oplus U'_1 \oplus U'_2$ mit

$$
\begin{aligned}
U'_1 &= [v'_3] = [b_4] \subset U_1, \\
U'_2 &= [\alpha'_6] = [b_3] \subset U_2 \quad \text{(vgl. (31))}.
\end{aligned}
$$

5211

Mit $x_6 = 0$ reduziert sich das Gleichungssystem auf:

$$x_1 \qquad = x_4$$
$$x_2 \quad = \quad x_5$$
$$x_3 = \quad x_5$$

Wählt man $x_4 = t$, $x_5 = u$ als unabhängige Lösungsparameter, dann sind genau die Linearkombinationen:

$$t\,\alpha_1' + u\,(\alpha_2' + \alpha_3') = t\,\alpha_4' + u\,\alpha_5' \quad \text{aus } D.$$

Es ist also $D = U_1 \cap U_2 = [\alpha_4', \alpha_5']$ mit der Basis $\{\alpha_4', \alpha_5'\}$.

W(6)

Vorbemerkung: Die Punkte A, B, C der reellen affinen Ebene seien dargestellt durch $\overrightarrow{OA} = \alpha$, $\overrightarrow{OB} = \ell$, $\overrightarrow{OC} = \tau = \frac{1}{2}\,\alpha + \frac{3}{4}\,\ell$ bezüglich des Koordinatensystems $\{O, \alpha, \ell\}$. Die Verbindungsgeraden a_1, a_2; b_1, b_2; c_1, c_2 der vier Punkte O, A, B, C werden Gegenseitenpaare im „Vierseit" a_1, a_2, b_1, b_2 genannt (Figur).

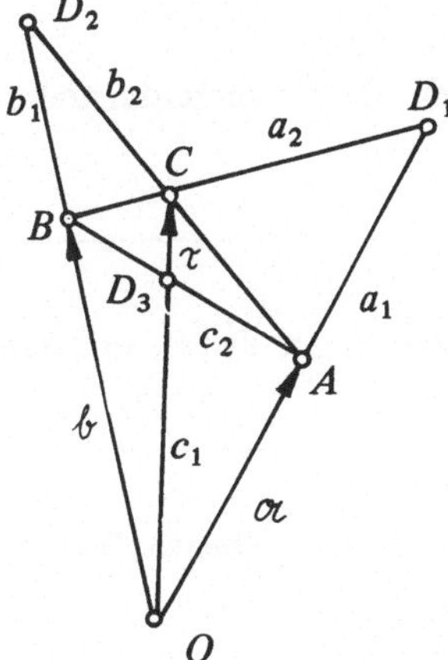

Aufgabe: Zeigen Sie, daß die Schnittpunkte D_1, D_2, D_3 der drei Gegenseitenpaare nicht auf einer Geraden liegen!

1	Geben Sie Parameterdarstellungen der sechs Geraden a_1, a_2 usw. an!	**K(111), H(11)**
2	Berechnen Sie den Schnittpunkt $\{D_3\} = c_1 \cap c_2$!	**K(2111), H(21)**
3	Berechnen Sie ebenso $\{D_1\} = a_1 \cap a_2$ und $\{D_2\} = b_1 \cap b_2$!	**K(311), H(31)**
4	Ist Ihnen ein Kriterium für die Kollinearität dreier Punkte bekannt?	**W(5), H(41)**
5	Zeigen Sie, daß D_1, D_2, D_3 nicht kollinear sind!	**K(5111), H(51)**

11	Die Parameterdarstellung einer Geraden durch zwei Punkte P_1, P_2 mit $\vec{OP_1} = \mathfrak{p}_1$; $\vec{OP_2} = \mathfrak{p}_2$ lautet: $\mathfrak{p} = \mathfrak{p}_1 + k(\mathfrak{p}_2 - \mathfrak{p}_1)$. Also z. B. a_2: $\mathfrak{p} = \mathfrak{b} + s(\mathfrak{c} - \mathfrak{b})$. Geben Sie jetzt die restlichen fünf Parameterdarstellungen an!	**K(111)**
21	Für den Vektor $\vartheta_3 = \vec{OD_3}$ müssen sich v_3, w_3 aus den Parameterdarstellungen von c_1, c_2 (111) so bestimmen lassen, daß gilt: $\vartheta_3 = v_3\,\mathfrak{c} = \mathfrak{a} + w_3(\mathfrak{b} - \mathfrak{a})$. Ersetzen Sie $\mathfrak{c}$ mittels $\mathfrak{a}$ und $\mathfrak{b}$ (**Vorbemerkung**), und berechnen Sie v_3, w_3 durch Koeffizientenvergleich!	**K(2111), H(211)**
31	$\text{I}: \vec{OD_1} = \vartheta_1 = r_1\,\mathfrak{a} = \mathfrak{b} + s_1(\mathfrak{c} - \mathfrak{b}) = \tfrac{1}{2}s_1\,\mathfrak{a} + (1 - \tfrac{1}{4}s_1)\,\mathfrak{b}$ $\text{II}: \vec{OD_2} = \vartheta_2 = t_2\,\mathfrak{b} = \mathfrak{a} + u_2(\mathfrak{c} - \mathfrak{a}) = (1 - \tfrac{1}{2}u_2)\,\mathfrak{a} + \tfrac{3}{4}u_2\,\mathfrak{b}$ Bestimmen Sie hieraus r_1, s_1 bzw. t_2, u_2 durch Koeffizientenvergleich! (Lösung zweier Gleichungssysteme)	**K(311)**
41	Die drei Punkte D_1, D_2, D_3 sind genau dann kollinear, wenn die Vektoren $\vec{D_1D_2}$ und $\vec{D_1D_3}$ linear abhängig sind.	**W(5)**
51	Zu zeigen ist: $\vec{D_1D_2} = \vartheta_2 - \vartheta_1$ und $\vec{D_1D_3} = \vartheta_3 - \vartheta_1$ sind linear unabhängig! Setzen Sie die Ergebnisse von (2111) und (311) ein, und zeigen Sie: $\vartheta_2 - \vartheta_1$, $\vartheta_3 - \vartheta_1$ sind l. u.!	**K(5111), H(511)**

111	$a_1:\ \varphi = r\,\mathfrak{a};$ $\qquad a_2:\ \varphi = \mathfrak{b} + s\,(\mathfrak{c} - \mathfrak{b})$ $b_1:\ \varphi = t\,\mathfrak{b};$ $\qquad b_2:\ \varphi = \mathfrak{a} + u\,(\mathfrak{c} - \mathfrak{a})$ $c_1:\ \varphi = v\,\mathfrak{c};$ $\qquad c_2:\ \varphi = \mathfrak{a} + w\,(\mathfrak{b} - \mathfrak{a})$	**W(2)**
211	Mit $\mathfrak{c} = \tfrac{1}{2}\,\mathfrak{a} + \tfrac{3}{4}\,\mathfrak{b}$ ist $\tfrac{1}{2}\,v_3\,\mathfrak{a} + \tfrac{3}{4}\,v_3\,\mathfrak{b} = (1 - w_3)\,\mathfrak{a} + w_3\,\mathfrak{b}$. Vergleichen Sie die Koeffizienten von $\mathfrak{a}$ und $\mathfrak{b}$ auf der rechten und linken Seite der letzten Gleichung ($\mathfrak{a}$, $\mathfrak{b}$ sind 1. u.), und lösen Sie das daraus resultierende Gleichungssystem!	**K(2111)**
311	I: $\ r_1 = \tfrac{1}{2}\,s_1$ $\quad 0 = 1 - \tfrac{1}{4}\,s_1$ $\quad \Longrightarrow\ s_1 = 4,\ r_1 = 2$ also $\vartheta_1 = 2\,\mathfrak{a}$ II: $\ 0 = 1 - \tfrac{1}{2}\,u_2$ $\quad t_2 = \tfrac{3}{4}\,u_2$ $\quad \Longrightarrow\ u_2 = 2,\ t_2 = \tfrac{3}{2}$ also $\vartheta_2 = \tfrac{3}{2}\,\mathfrak{b}$	**W(4)**
511	Nach (2111) und (311) ist $\vartheta_2 - \vartheta_1 = -2\,\mathfrak{a} + \tfrac{3}{2}\,\mathfrak{b}$, $\vartheta_3 - \vartheta_1 = -\tfrac{8}{5}\,\mathfrak{a} + \tfrac{3}{5}\,\mathfrak{b}$. Lineare Unabhängigkeit von $\vartheta_2 - \vartheta_1$ und $\vartheta_3 - \vartheta_1$: **a)** 1. Weg: $k(\vartheta_2 - \vartheta_1) + l(\vartheta_3 - \vartheta_1) = \mathcal{O}$ nur für $k = l = 0$ möglich.	**K(5111)**
	b) 2. Weg: **PA 7**: $D \neq 0$!	**K(5112)**

2111	$\frac{1}{2}\,v_3 = 1 - w_3$ $\frac{3}{4}\,v_3 = \quad w_3$ $\Bigg\}\Longrightarrow$ $v_3 = \frac{4}{5},\ w_3 = \frac{3}{5}$ also $\vartheta_3 = v_3\,\tau = \frac{2}{5}\,\mathfrak{a} + \frac{3}{5}\,\mathfrak{b}$	**W(3)**
5111	1. Weg: $k\left(-2\,\mathfrak{a} + \frac{3}{2}\,\mathfrak{b}\right) + l\left(-\frac{8}{5}\,\mathfrak{a} + \frac{3}{5}\,\mathfrak{b}\right) = \mathcal{O}$ $-2k - \frac{8}{5}\,l = 0$ $\frac{3}{2}\,k + \frac{3}{5}\,l = 0$ $\Bigg\}\Longrightarrow k = l = 0$ (Rechnen Sie nach!), also sind $\vartheta_2 - \vartheta_1,\ \vartheta_3 - \vartheta_1$ l. u.	**Fertig**
5112	2. Weg: $D = a_{11}a_{22} - a_{12}a_{21} = (-2)\left(\frac{3}{5}\right) - \left(\frac{3}{2}\right)\left(-\frac{8}{5}\right) = \frac{6}{5} \neq 0$, also sind $\vartheta_2 - \vartheta_1,\ \vartheta_3 - \vartheta_1$ l. u.	**Fertig**

Vorbemerkung: Im dreidimensionalen affinen Raum sei ein Koordinatensystem $\{O, \mathscr{b}_1, \mathscr{b}_2, \mathscr{b}_3\}$ gegeben. Dann ist jedem Punkt X durch $\overrightarrow{OX} = \mathscr{e} = x_1 \mathscr{b}_1 + {}$
${}+ x_2 \mathscr{b}_2 + x_3 \mathscr{b}_3$ ein Koordinatenripel (x_1, x_2, x_3) zugeordnet und umgekehrt.

Aufgabe: Eine Ebene E_1 sei gegeben durch die drei Punkte P_1, P_2, P_3 mit $\mathscr{y}_1 = (0,0,4)$ $\mathscr{y}_2 = (4,0,-2)$, $\mathscr{y}_3 = (0,3,3)$. Eine Ebene E_2 sei gegeben durch die beiden Geraden

$$g_1: \quad \mathscr{e} = \mathscr{f} + r\,\mathscr{a} \text{ mit } \mathscr{f} = (0,0,6) \quad \text{und} \quad \mathscr{a} = (2,0,-5)$$
$$g_2: \quad \mathscr{e} = \mathscr{f} + s\,\mathscr{b} \text{ mit } \mathscr{f} = (0,0,6) \quad \text{und} \quad \mathscr{b} = (0,1,-1)$$

Zeigen Sie, daß E_1 und E_2 sich schneiden, und geben Sie die Schnittgerade in der Parameterform $\mathscr{e} = \mathscr{y} + t\,\vartheta$ an!

1	Geben Sie E_1 in Parameterform an!	W(2), H(11)
2	Geben Sie E_2 in Parameterform an!	W(3), H(21)
3	Wie lautet die Bedingung für die Parameter u, v, r, s von Punkten aus $E_1 \cap E_2$?	W(4), H(31)
4	Geben Sie ein lineares Gleichungssystem für die Parameter u, v, r, s an!	K(4111), H(41)
5	Lösen Sie das LGS nach einem Ihnen bekannten Verfahren!	W(6), H(51)
6	Geben Sie zwei Punkte P und Q aus $E_1 \cap E_2$ an!	W(7), H(61)
7	Stellen Sie die Gleichung der Schnittgeraden auf!	K(71)

11	$E_1: \mathfrak{x} = \mathfrak{y}_1 + u(\mathfrak{y}_2 - \mathfrak{y}_1) + v(\mathfrak{y}_3 - \mathfrak{y}_1)$, also $(x_1, x_2, x_3) = (0,0,4) + u(4,0,-6) + v(0,3,-1)$	**W(2)**
21	Die Geraden g_1 und g_2 schneiden sich im Punkt S mit $\mathfrak{s} = (0,0,6)$. Somit ist $E_2: \mathfrak{x} = \mathfrak{s} + r\,\mathfrak{a} + s\,\mathfrak{b}$, also $(x_1, x_2, x_3) = (0,0,6) + r(2,0,-5) + s(0,1,-1)$	**W(3)**
31	Schnittpunktbedingung: $\mathfrak{y}_1 + u(\mathfrak{y}_2 - \mathfrak{y}_1) + v(\mathfrak{y}_3 - \mathfrak{y}_1) = \mathfrak{s} + r\,\mathfrak{a} + s\,\mathfrak{b}$ Können Sie daraus die Schnittpunkte bestimmen? Wie muß man jetzt fortfahren?	**H(311)**
41	$u(\mathfrak{y}_2 - \mathfrak{y}_1) + v(\mathfrak{y}_3 - \mathfrak{y}_1) - r\,\mathfrak{a} - s\,\mathfrak{b} = \mathfrak{s} - \mathfrak{y}_1$. Verwenden Sie (11) und (21)!	**H(411)**
51	Aus (I) folgt $r = 2u$, aus (II) $s = 3v$. Eingesetzt in (III) ergibt $2u + v = 1$. Also $v = 1 - 2u$, $r = 2u$, $s = 3 - 6u$.	**W(6)**
61	Setze in (51) $u = 0$. Dann ist $r = 0, v = 1, s = 3$. $\mathfrak{x} = \mathfrak{y}_1 + 0\cdot(\mathfrak{y}_2 - \mathfrak{y}_1) + 1\cdot(\mathfrak{y}_3 - \mathfrak{y}_1) = \mathfrak{y}_3 = (0,3,3)$. Setze $u = \frac{1}{2}$. Dann ist $v = 0, r = 1, s = 0$. $\mathfrak{q} = \mathfrak{y}_1 + \frac{1}{2}(\mathfrak{y}_2 - \mathfrak{y}_1) + 0\cdot(\mathfrak{y}_3 - \mathfrak{y}_1) = \frac{1}{2}(\mathfrak{y}_1 + \mathfrak{y}_2) = (2,0,1)$. Sind P und Q mit $\mathfrak{x} = \overrightarrow{OP}$, $\mathfrak{q} = \overrightarrow{OQ}$ wirklich aus $E_1 \cap E_2$?	**H(611)**
71	Schnittgerade: $\mathfrak{x} = \mathfrak{y} + t(\mathfrak{q} - \mathfrak{y})$, also $(x_1, x_2, x_3) = (0,3,3) + t(2,-3,-2)$.	**Fertig**

311	Die Vektorgleichung aus (31) schreibt man in Koordinaten auf und erhält ein lineares Gleichungssystem mit drei Gleichungen für die Unbekannten u, v, r, s.	**W(4)**
411	$(4u - 2r, 3v - s, -6u - v + 5r + s) = (0,0,2)$. Schreiben Sie diese Vektorgleichung als lineares Gleichungssystem!	**K(4111)**
611	Die Bedingungen in (51) für die Parameter sind notwendige Bedingungen. P und Q liegen nach unserer Berechnung sicher in E_1. Die Probe zeigt, daß sie auch in E_2 liegen: mit (21) ist $\mathcal{P} = (0,0,6) + 3(0,1,-1)$, $\mathcal{Q} = (0,0,6) + (2,0,-5)$.	**W(7)**

4111	$\begin{aligned} 4u \qquad\quad - 2r \qquad &= 0 \quad \text{(I)} \\ 3v \qquad - s &= 0 \quad \text{(II)} \\ -6u - v + 5r + s &= 2 \quad \text{(III)} \end{aligned}$	W(5)

Vorbemerkung: Die Geraden g und h seien durch die Parameterdarstellungen

$$g: \vec{r} = \vec{p} + x\,\vec{a} \quad \text{und} \quad h: \vec{r} = \vec{q} + y\,\vec{b}$$

gegeben.

Aufgabe: Geben Sie notwendige und hinreichende Bedingungen dafür an, daß die Geraden parallel, schneidend oder windschief sind.

1	Wann sind zwei affine Räume (insbesondere Geraden) parallel? Geben Sie die Bedingung für g und h an!	W(2), H(11)
2	Nehmen Sie an, daß g und h nicht parallel sind. Welche Möglichkeiten gibt es noch? Betrachten Sie den Verbindungsraum der Geraden!	W(3), H(21)
3	Sind zwei Geraden stets parallel, schneidend oder windschief, d. h. war die Fallunterscheidung vollständig?	K(31)

11	Zwei affine Räume sind parallel, wenn von den zugehörigen Vektorräumen der eine im anderen enthalten ist. Für die Geraden g und h bedeutet dies, daß $\vec{a}$ und $\vec{b}$ proportional sind.	**W(2)**
21	Wenn g nicht zu h parallel ist, sind $\vec{a}$ und $\vec{b}$ linear unabhängig. Betrachten Sie die Vektoren $\vec{a}$, $\vec{b}$, $\vec{q} - \vec{y}$. Welche Dimension kann die lineare Hülle dieser Vektoren und damit der Verbindungsraum der Geraden haben?	**H(211)**
31	Die Fallunterscheidung lautete: $\vec{a}$, $\vec{b}$ 1. a. $\Longrightarrow$ g ist parallel zu h, $\vec{a}$, $\vec{b}$ 1. u. und $\vec{a}$, $\vec{b}$, $\vec{q} - \vec{y}$ 1. a. $\Longrightarrow$ g schneidet h, $\vec{a}$, $\vec{b}$ 1. u. und $\vec{a}$, $\vec{b}$, $\vec{q} - \vec{y}$ 1. u. $\Longrightarrow$ g ist windschief zu h.	**Fertig**

211	Die Vektoren $\vec{a}$, $\vec{b}$, $\vec{q} - \vec{y}$ können l. a. oder l. u. sein. Die lineare Hülle kann also die Dimension 2 oder 3 haben. Zeigen Sie: **a)** Wenn $\vec{a}$, $\vec{b}$, $\vec{q} - \vec{y}$ l. a. sind, dann haben g und h einen Schnittpunkt.	**H(2111)**
	b) Wenn g und h einen Schnittpunkt haben, dann sind $\vec{a}$, $\vec{b}$, $\vec{q} - \vec{y}$ l. a.	**H(2112)**
	c) Wann heißen zwei Geraden windschief?	**H(2113)**

2111	Da a und b l. u. sind, läßt sich $q - p$ eindeutig darstellen in der Form $q - p = x_0\, a - y_0\, b$. Das heißt, daß es einen Punkt S mit dem Ortsvektor $s = p + x_0\, a = q + y_0\, b$ gibt, der auf g und h liegt.	**W(211b)**
2112	Haben g und h einen Schnittpunkt S mit dem Ortsvektor $s = p + x_0\, a = q + y_0\, b$, dann ist $(q - p) - x_0\, a + y_0\, b = o$ eine nichttriviale Darstellung des Nullvektors.	**W(211c)**
2113	Man nennt zwei Geraden windschief, wenn sie nicht parallel sind und keinen Schnittpunkt haben. Sie sind also genau dann windschief, wenn ihr Verbindungsraum dreidimensional ist.	**W(3)**

Vorbemerkung: Es sei Φ eine Abbildung des $\mathrm{I\!R}^3$ in den $\mathrm{I\!R}^4$:

$$\mathscr{C} = (x_1, x_2, x_3) \longrightarrow \mathscr{C}' = (x'_1, x'_2, x'_3, x'_4) \quad \text{mit} \quad x'_1 = x_1 + x_2, \quad x'_2 = x_1 - x_3,$$
$$x'_3 = x_2 + x_3, \quad x'_4 = 2x_1 + x_2 - x_3.$$

Aufgabe: Prüfen Sie, ob Φ eine lineare Abbildung ist, ob Φ surjektiv und ob Φ injektiv ist. Bestimmen Sie den Rang von Φ, eine Basis des Bildraums und den Kern von Φ.

1	Geben Sie die Linearitätsbedingung an, und prüfen Sie, ob diese für Φ erfüllt ist!	W(2), H(11)
2	Begründen Sie kurz, warum Φ nicht surjektiv sein kann!	W(3), H(21)
3	Zeigen Sie, daß z. B. der Vektor $(0, 0, 0, 1)$ kein Urbild hat!	W(4), H(31)
4	Sehen Sie unmittelbar, ob Φ injektiv ist oder nicht? Wann ist eine lineare Abbildung injektiv (Kriterium)?	W(5), H(41)
5	Bestimmen Sie den Rang von Φ. Wie ist Rang Φ definiert? Geben Sie eine Basis des Bildraums an!	W(6), H(51)
6	Geben Sie die Dimension und eine Basis von Kern Φ an!	Fertig, H(61)

11	Die Linearitätsbedingung lautet allgemein $\Phi(s\,\varphi + t\,\psi) =$ $= s\,\Phi(\varphi) + t\,\Phi(\psi)$. Prüfen Sie diese für die gegebene Abbildung Φ nach!	**H(111)**
21	Die Dimension des Bildraums $\Phi(\mathbb{R}^3)$ kann nicht größer als die Dimension des Urbildraums $\mathbb{R}^3$ sein. Wegen $\dim \Phi(\mathbb{R}^3) \leqslant \dim \mathbb{R}^3 = 3 < 4 = \dim \mathbb{R}^4$ ist $\Phi(\mathbb{R}^3)$ echt enthalten in $\mathbb{R}^4$.	**W(3)**
31	Wäre $\varphi = (x_1, x_2, x_3)$ Urbild von $(0,0,0,1)$, dann müßte $x_1' = x_1 + x_2 = 0$, $x_2' = x_1 - x_3 = 0$ und $x_3' = x_2 + x_3 = 0$ sein. Daraus folgt aber $x_4' = 2x_1 + x_2 - x_3 = x_1' + x_2' = 0$ im Widerspruch dazu, daß $x_4' = 1$ sein soll.	**W(4)**
41	Eine lineare Abbildung ist genau dann injektiv, wenn ihr Kern nur aus dem Nullvektor besteht. Geben Sie einen Vektor $\varphi_1 \neq \sigma$ aus Kern Φ an!	**H(411)**
51	Es ist Rang $\Phi = \dim \Phi(\mathbb{R}^3)$. Ist $\{b_1, b_2, b_3\}$ eine Basis von $\mathbb{R}^3$, dann ist Rang $\Phi = \dim[b_1', b_2', b_3']$ mit $b_i' = \Phi(b_i)$. Bestimmen Sie jetzt die Dimension und eine Basis des Bildraumes $[b_1', b_2', b_3']$ für $b_1 = (1,0,0)$; $b_2 = (0,1,0)$; $b_3 = (0,0,1)$!	**H(511)**
61	Es ist allgemein $\dim \text{Kern}\,\Phi = \dim V - \dim \Phi(V)$, also hier $\dim \text{Kern}\,\Phi = 3 - 2 = 1$. Geben Sie eine Basis des Kerns an.	**H(611)**

111	Die einzelnen Schritte der Rechnung sind für die zweite Komponente explizit aufgeschrieben: $$\begin{aligned}\Phi(s\,\varphi + t\,\psi) &= \Phi(sx_1 + ty_1,\ sx_2 + ty_2,\ sx_3 + ty_3)\\ &= (\ldots,\ (sx_1 + ty_1) - (sx_3 + ty_3),\ldots,\ldots)\\ &= (\ldots,\ s(x_1 - x_3) + t(y_1 - y_3),\ldots,\ldots)\\ &= s(\ldots,\ x_1 - x_3,\ldots,\ldots) + t(\ldots,\ y_1 - y_3,\ldots,\ldots)\\ &= s\,\Phi(\varphi) + t\,\Phi(\psi)\end{aligned}$$ Füllen Sie die Leerstellen für die restlichen Komponenten selbst aus!	**W(2)**
411	Es muß $\Phi(\varphi_1) = v$ sein, also $x_1' = x_2' = x_3' = x_4' = 0$. Wegen $x_3' = x_1' - x_2'$ und $x_4' = x_1' + x_2'$ genügt es, $x_1' = x_2' = 0$ zu fordern. Man nehme etwa $\varphi_1 = (1, -1, 1)$.	**W(5)**
511	Man erkennt sofort, daß $b_2' = b_1' + b_3'$ ist und daß $b_1' = (1, 1, 0, 2)$, $b_3' = (0, -1, 1, -1)$ l. u. sind (vgl. **PA 6**). Damit ist $\dim \Phi(\mathrm{I\!R}^3) = 2$ und $\{b_1',\ b_3'\}$ eine Basis des Bildraumes. In komplizierteren Fällen greift man hier auf das Verfahren der elementaren Umformungen zurück! (vgl. **PA 8**)	**W(6)**
611	Wegen $\dim \operatorname{Kern}\Phi = 1$ ist jeder Vektor $\varphi \neq v$ aus dem Kern eine Basis, also z. B. der schon gefundene Vektor $\varphi_1 = (1, -1, 1)$. (vgl. **(411)**)	**Fertig**

Vorbemerkung: Zur Lösung von Gleichungssystemen gibt es verschiedene Rechenverfahren. Hier geht es darum, an einem einfachen Beispiel den Zusammenhang zwischen LGS und linearen Abbildungen zu erläutern. Das LGS (mit dem zugehörigen homogenen LGS) lautet:

$$\begin{array}{rrrrl}
x_1 & & -\ x_3 & -\ 3x_4 & =\ 3 \\
& -\ x_2 & +\ x_3 & -\ x_4 & =\ 2 \\
x_1 & +\ 3x_2 & -\ 4x_3 & & =\ -3.
\end{array} \qquad \left(\begin{array}{l} =\ 0 \\ =\ 0 \\ =\ 0 \end{array}\right)$$

Aufgabe: **a)** Geben Sie die zu dem LGS gehörende lineare Abbildung an.

b) Bestimmen Sie den Bildraum der Abbildung und entscheiden Sie damit, ob das LGS lösbar ist. Ändern Sie auch einmal die rechte Seite des LGS so ab, daß es nicht mehr lösbar ist.

c) Bestimmen Sie eine Basis des Kerns der Abbildung, und geben Sie damit die Gesamtlösung des LGS in Parameterdarstellung an.

1	Zu dem LGS gehört eine lineare Abbildung $\Phi:\ \mathrm{I\!R}^4 \longrightarrow \mathrm{I\!R}^3$ mit $\Phi(x_1, x_2, x_3, x_4) = (x'_1, x'_2, x'_3)$. Geben Sie die x'_i an!	**K(11)**
2	Was hat die Lösbarkeit des LGS mit den Urbildern von $(3, 2, -3)$ bei der Abbildung Φ zu tun?	**W(3), H(21)**
3	Geben Sie den Bildraum $\Phi(\mathrm{I\!R}^4)$ an! Ist Φ surjektiv?	**W(4), H(31)**
4	Liegt $(3, 2, -3)$ in $\Phi(\mathrm{I\!R}^4)$?	**W(5), H(41)**
5	Geben Sie einen Vektor an, der nicht in $\Phi(\mathrm{I\!R}^4)$ liegt!	**W(6), H(51)**
6	Der Vektor $\varphi_1 = (4, -1, 1, 0)$ ist auch Lösung des gegebenen LGS. Was läßt sich über $\varphi_1 - \varphi_0$ sagen? Bestimmen Sie $\Phi(\varphi_1 - \varphi_0)$! Für φ_0 vgl. **(411)**!	**W(7), H(61)**
7	Wie erhält man mit Hilfe von Kern Φ eine Darstellung für die allgemeine Lösung des LGS?	**W(8), H(71)**
8	Geben Sie die Dimension und eine Basis des Kerns an! Vergleichen Sie dazu **(3111)**.	**W(9), H(81)**
9	Schreiben Sie die Lösung des LGS in Parameterdarstellung auf.	**Fertig, H(91)**

11	$x_1' = x_1 - x_3 - 3x_4$. Entsprechend x_2', x_3'.	**W(2)**
21	Das LGS ist genau dann lösbar, wenn der Vektor $(3, 2, -3)$ mindestens ein Urbild hat, wenn er also im Bildraum $\Phi(\mathbb{R}^4)$ liegt.	**W(3)**
31	Ist $\{b_1, \ldots, b_4\}$ eine Basis von $\mathbb{R}^4$, dann ist $\Phi(\mathbb{R}^4) = [b_1', b_2', b_3', b_4']$ mit $b_i' = \Phi(b_i)$. Für die kanonische Basis $\{b_1, b_2, b_3, b_4\}$ $(b_1 = (1,0,0,0);$ $b_2 = (0,1,0,0); \ldots)$ kann man die Bilder b_i' als Spaltenvektoren des Koeffizientenschemas des LGS ablesen. Bestimmen Sie damit $\dim \Phi(\mathbb{R}^4)$!	**K(3111), H(311)**
41	Es ist $3\,b_1' - 2\,b_2' = (3, 2, -3)$. Können Sie jetzt schon eine Lösung des LGS angeben?	**W(5), H(411)**
51	Zum Beispiel liegt $(0, 0, 1)$ nicht in $\Phi(\mathbb{R}^4)$. Das LGS hat also keine Lösung, wenn die rechte Seite $0, 0, 1$ lautet.	**W(6)**
61	Die Differenz $\varphi_1 - \varphi_0$ hat als Bild den Nullvektor von $\mathbb{R}^3$. Begründung?	**H(611)**
71	Die Lösung des LGS läßt sich darstellen in der Form $$\{\varphi \mid \varphi = \varphi_0 + \overline{\varphi} \ \text{ mit } \ \overline{\varphi} \in \text{Kern } \Phi\}.$$ Begründung?	**H(711)**

81	Allgemein ist $\dim \operatorname{Kern} \Phi = \dim V - \dim \Phi(V)$. Berechnen Sie $\dim \operatorname{Kern} \Phi$ und eine Basis des Kerns für unser Beispiel!	K(8111), H(811)
91	$\mathscr{C} = \mathscr{C}_0 + r_1\, \mathfrak{c}_1 + r_2\, \mathfrak{c}_2$. Ist auch $\mathscr{C} = \mathscr{C}_1 + r_1\, \mathfrak{c}_1 + r_2\, \mathfrak{c}_2$ eine solche Darstellung?	H(911)

311	Es ist $$\Phi(\mathsf{IR}^4) = \left[\begin{pmatrix} 1 \\ 0 \\ 1 \end{pmatrix}, \begin{pmatrix} 0 \\ -1 \\ 3 \end{pmatrix}, \begin{pmatrix} -1 \\ 1 \\ -4 \end{pmatrix}, \begin{pmatrix} -3 \\ -1 \\ 0 \end{pmatrix} \right].$$ $b_1' b_2' b_3' b_4'$ Ist Φ surjektiv? Bestimmen Sie $\dim \Phi(\mathsf{IR}^4)$.	**K(3111)**
411	Eine Lösung ist $\varphi_0 = 3\,b_1 - 2\,b_2 = (3, -2, 0, 0)$.	**W(5)**
611	$\Phi(\varphi_1) = \Phi(\varphi_0) \Rightarrow \Phi(\varphi_1 - \varphi_0) = \mathcal{U}$ wegen der Linearität von Φ. $\varphi_1 - \varphi_0$ liegt also im Kern von Φ. Für welches LGS ist damit $\varphi_1 - \varphi_0$ eine Lösung?	**K(6111)**
711	Ist φ Lösung, also $\Phi(\varphi) = \Phi(\varphi_0) = (3, 2, -3)$, dann ist $\Phi(\varphi - \varphi_0) = \mathcal{U}$, also $\varphi - \varphi_0 = \bar{\varphi} \in \mathrm{Kern}\,\Phi$. Ist $\bar{\varphi} \in \mathrm{Kern}\,\Phi$, dann ist $\varphi_0 + \bar{\varphi}$ Lösung, denn es ist $\Phi(\varphi_0 + \bar{\varphi}) = \Phi(\varphi_0) + \Phi(\bar{\varphi}) = \Phi(\varphi_0)$.	**W(8)**
811	Aus (3111) liest man ab: $\dim \mathrm{Kern}\,\Phi = \dim \mathsf{IR}^4 - \dim \Phi(\mathsf{IR}^4) = 4 - 2 = 2$ und $b_1' + b_2' + b_3' = \mathcal{U}$; $3b_1' - b_2' + b_4' = \mathcal{U}$. Geben Sie jetzt eine Basis des Kerns an!	**K(8111)**
911	Ja, denn auch φ_1 ist eine spezielle Lösung des LGS.	**Fertig.**

3111	Man sieht sofort, daß b'_1 und b'_2 linear unabhängig sind und daß gilt: $$b'_3 = - b'_1 - b'_2, \quad b'_4 = - 3\, b'_1 + b'_2.$$ Es ist somit dim $\Phi(\mathrm{IR}^4) = 2$, also Φ nicht surjektiv. (In komplizierteren Fällen nimmt man elementare Umformungen zu Hilfe).	**W(4)**
6111	Der Vektor $\varphi_1 - \varphi_0 = (1,1,1,0) \in \mathrm{Kern}\,\Phi$ ist Lösung des zugehörigen homogenen LGS. Prüfen Sie das durch Einsetzen nach!	**W(7)**
8111	Die Vektoren $t_1 = b_1 + b_2 + b_3 = (1,1,1,0)$ und $t_2 = 3\, b_1 - b_2 + b_4 = (3,-1,0,1)$ liegen in $\mathrm{Kern}\,\Phi$. Da sie linear unabhängig sind und dim $\mathrm{Kern}\,\Phi = 2$ ist, bilden t_1 und t_2 eine Basis des Kerns.	**W(9)**

Vorbemerkung: Es sei V ein dreidimensionaler Vektorraum und $\{b_1,\ b_2\ b_3\}$ eine Basis von V. Dann ist jedem Vektor $\varphi \in V$ ein Vektor $(x_1,\ x_2,\ x_3) \in \mathrm{IR}^3$ zugeordnet, und zu jeder linearen Selbstabbildung von V gehört eine $(3,3)$-Matrix und umgekehrt. Zwei lineare Abbildungen Φ und Ψ von V in sich seien gegeben durch

$$\Phi(\varphi) = (x_1 + x_2)\, b_1 + (2x_1 + x_2 - x_3)\, b_2 + (-x_1 + x_3)\, b_3,$$
$$\Psi(\varphi) = (x_1 - x_3)\, b_1 + (x_1 + x_2)\, b_2 + (x_2 + x_3)\, b_3.$$

Aufgabe: **a)** Bestimmen Sie die zu Φ und Ψ gehörenden Matrizen $\mathcal{A}$ und $\mathcal{B}$!

b) Berechnen Sie die Produkte $\mathcal{A}\,\mathcal{B}$ und $\mathcal{B}\,\mathcal{A}$, und zeigen Sie damit, daß $\Phi\Psi \neq \Psi\Phi$ ist!

c) Zeigen Sie, daß die Menge der Vektoren $\varphi \in V$, für die $\Phi\Psi(\varphi) = \Psi\Phi(\varphi)$ ist, ein UVR von V ist, und bestimmen Sie dessen Dimension!

1	Wie erhält man die Matrizen $\mathcal{A}$ und $\mathcal{B}$? Schreiben Sie diese auf!	**K(111), H(11)**
2	Berechnen Sie die Produkte $\mathcal{A}\,\mathcal{B}$ und $\mathcal{B}\,\mathcal{A}$!	**K(2111), H(21)**
3	Warum ist $\Phi\Psi \neq \Psi\Phi$?	**W(4), H(31)**
4	Es ist $\Phi\Psi \neq \Psi\Phi$. Geben Sie mindestens einen Vektor φ an mit $\Phi\Psi(\varphi) = \Psi\Phi(\varphi)$!	**W(5), H(41)**
5	Wie erhält man alle Vektoren φ, für die $\Phi\Psi(\varphi) = \Psi\Phi(\varphi)$ ist? Betrachten Sie die Abbildung $\Phi\Psi - \Psi\Phi$!	**K(5111), H(51)**
6	Berechnen Sie $\mathcal{A}\,\mathcal{B} - \mathcal{B}\,\mathcal{A}$!	**K(611), H(61)**
7	Bestimmen Sie $\dim \text{Kern}(\Phi\Psi - \Psi\Phi)$!	**K(711), H(71)**

11	In den Spalten von $\mathcal{O}$ bzw. $\mathcal{B}$ stehen die Bilder der Basisvektoren $\mathscr{b}_i$ bei Φ bzw. Ψ. Schreiben Sie jetzt $\mathcal{O}$ und $\mathcal{B}$ auf!	**H(111)**
21	Geben Sie die Zeilen-Spalten-Kombination für das Element c_{23} der Matrix $\mathcal{L} = \mathcal{O}\,\mathcal{B}$ an!	**H(211)**
31	Es ist $\Phi\Psi \neq \Psi\Phi$, weil z. B. $\Phi\Psi(\mathscr{b}_1) \neq \Psi\Phi(\mathscr{b}_1)$ und somit die zugehörigen Matrizen verschieden sind.	**W(4)**
41	Es ist $\Phi\Psi(\upsilon) = \Psi\Phi(\upsilon)$.	**W(5)**
51	Es ist $\Phi\Psi(\varphi) = \Psi\Phi(\varphi)$ für genau die Vektoren, für die $\Phi\Psi(\varphi) - \Psi\Phi(\varphi) = \upsilon$ ist. Schließen Sie jetzt weiter!	**H(511)**
61	Wie subtrahiert man Matrizen?	**H(611)**
71	Es ist $\dim \mathrm{Kern}(\Phi\Psi - \Psi\Phi) = 3 - \mathrm{Rang}(\Phi\Psi - \Psi\Phi)$. Wie erhält man $\mathrm{Rang}(\Phi\Psi - \Psi\Phi)$?	**H(711)**

| 111 | $$\mathfrak{A} = \begin{pmatrix} 1 & 1 & 0 \\ 2 & 1 & -1 \\ -1 & 0 & 1 \end{pmatrix}, \qquad \mathfrak{B} = \begin{pmatrix} 1 & 0 & -1 \\ 1 & 1 & 0 \\ 0 & 1 & 1 \end{pmatrix}$$ | **W(2)** |

| ·211 | Zweite Zeile von $\mathfrak{A}$: $(2, 1, -1)$

 Dritte Spalte von $\mathfrak{B}$: $\begin{pmatrix} -1 \\ 0 \\ 1 \end{pmatrix}$

 $c_{23} = 2 \cdot (-1) + 1 \cdot 0 + (-1) \cdot 1 = -3$
 Berechnen Sie entsprechend die restlichen Elemente von $\mathfrak{A}\,\mathfrak{B}$ und ebenso von $\mathfrak{B}\,\mathfrak{A}$! | **K(2111)** |

| 511 | Es ist $\Phi\Psi(\varphi) - \Psi\Phi(\varphi) = (\Phi\Psi - \Psi\Phi)(\varphi)$ nach der Definition für die Differenz von linearen Abbildungen.

 Was läßt sich über die Vektoren φ mit $(\Phi\Psi - \Psi\Phi)(\varphi) = \mathfrak{o}$ aussagen? | **K(5111)** |

| 611 | Elementweise Subtraktion:

 $$\mathfrak{A}\mathfrak{B} - \mathfrak{B}\mathfrak{A} = \begin{pmatrix} 0 & 0 & 0 \\ 0 & -2 & -2 \\ -2 & 0 & 2 \end{pmatrix}$$ | **W(7)** |

| 711 | $\operatorname{Rang}(\Phi\Psi - \Psi\Phi) = \operatorname{Rang}(\mathfrak{A}\mathfrak{B} - \mathfrak{B}\mathfrak{A}) = 2$, also $\dim \operatorname{Kern}(\Phi\Psi - \Psi\Phi) = 1$. | **Fertig.** |

2111	$\mathcal{O}\mathcal{L} = \begin{pmatrix} 2 & 1 & -1 \\ 3 & 0 & -3 \\ -1 & 1 & 2 \end{pmatrix}$ $\mathcal{L}\mathcal{O} = \begin{pmatrix} 2 & 1 & -1 \\ 3 & 2 & -1 \\ 1 & 1 & 0 \end{pmatrix}$	W(3)
5111	Es ist $\{\varphi \mid (\Phi\Psi - \Psi\Phi)\,(\varphi) = \mathit{o}\} = \mathrm{Kern}\,(\Phi\Psi - \Psi\Phi)$ und somit ein UVR von V.	W(6)

Vorbemerkung: In einem Vektorraum V_n wird der Übergang von einer Basis $\{b_1, b_2, \ldots, b_n\}$ zu einer neuen Basis $\{a_1, a_2, \ldots, a_n\}$ durch eine reguläre (n, n)-Matrix B beschrieben. Zum Übergang von der neuen zur alten Basis gehört dann die inverse Matrix B^{-1} von B, die sich durch simultane elementare Umformungen der Matrizen $\mathcal{E} \mid B$ berechnen läßt.

Beispiel im V_3:

$$
\textbf{(I)}\quad
\begin{aligned}
a_1 &= b_1 - 2\,b_2 - b_3 \\
a_2 &= b_1 + b_2 + b_3 \\
a_3 &= 2b_1 + b_2 + b_3
\end{aligned}
\qquad
\textbf{(II)}\quad
\begin{aligned}
-a_2 + a_3 &= b_1 \\
-a_1 - 3\,a_2 + 2\,a_3 &= b_2 \\
a_1 + 5\,a_2 - 3\,a_3 &= b_3
\end{aligned}
$$

Koeffizientenmatrizen: bezüglich der a_i jeweils links, bezüglich b_i rechts.

$$
\underbrace{\begin{pmatrix} 1 & 0 & 0 \\ 0 & 1 & 0 \\ 0 & 0 & 1 \end{pmatrix}}_{\mathcal{E}} \Bigg|
\underbrace{\begin{pmatrix} 1 & -2 & -1 \\ 1 & 1 & 1 \\ 2 & 1 & 1 \end{pmatrix}}_{B}
\qquad
\underbrace{\begin{pmatrix} 0 & -1 & 1 \\ -1 & -3 & 2 \\ 1 & 5 & -3 \end{pmatrix}}_{\overline{B}} \Bigg|
\underbrace{\begin{pmatrix} 1 & 0 & 0 \\ 0 & 1 & 0 \\ 0 & 0 & 1 \end{pmatrix}}_{\mathcal{E}}
$$

Aufgabe: **a)** Bestätigen Sie durch simultane elementare Umformungen der beiden Matrizen $\mathcal{E} \mid B$, daß $\overline{B} = B^{-1}$ ist.

b) Berechnen Sie die Komponententripel von $v = 3\,b_1 + 2\,b_2 + 2\,b_3$ bezüglich der neuen und von $w = 2\,a_1 + 8\,a_2 - 5\,a_3$ bezüglich der alten Basis.

1	Eliminieren Sie durch elementare Umformungen b_1 aus der zweiten und dritten Gleichung von (I) und vergleichen Sie mit den entsprechenden Matrizenumformungen von $\mathcal{C} \mid \mathcal{B}$!	W(2), H(11)
2	Führen Sie die Matrizen $\mathcal{C} \mid \mathcal{B}$ durch elementare Umformungen in $\mathcal{B}^{-1} \mid \mathcal{C}$ über!	W(3), H(21)
3	Berechnen Sie zur Kontrolle das Matrizenprodukt $\mathcal{B} \cdot \mathcal{B}^{-1}$!	W(4), H(31)
4	Berechnen Sie für $\varphi = 3\,b_1 + 2\,b_2 + 2\,b_3$ die Komponenten $(\bar{x}_1, \bar{x}_2, \bar{x}_3)$ bezüglich der neuen Basis α_i!	H(41), K(411, 421)
5	Mit welcher Matrix transformieren sich die Komponenten $(\bar{y}_1, \bar{y}_2, \bar{y}_3) = (2, 8, -5)$ beim Übergang zu der alten Basis $\{b_1, b_2, b_3\}$? Geben Sie (y_1, y_2, y_3) an!	K(511, 521), H(51)

11	Z. B.: Zweite minus erste und dritte minus 2-mal erste Gleichung; für die Matrizen ergeben sich die Umformungen: $$\begin{pmatrix} 1 & 0 & 0 \\ 0 & 1 & 0 \\ 0 & 0 & 1 \end{pmatrix} \begin{pmatrix} 1 & -2 & -1 \\ 1 & 1 & 1 \\ 2 & 1 & 1 \end{pmatrix} \begin{matrix} \cdot(-1);\ \cdot(-2) \\ \\ \end{matrix} : \begin{pmatrix} 1 & 0 & 0 \\ -1 & 1 & 0 \\ -2 & 0 & 1 \end{pmatrix} \begin{pmatrix} 1 & -2 & -1 \\ 0 & 3 & 2 \\ 0 & 5 & 3 \end{pmatrix}$$ Die elementaren Umformungen der Matrizen $\mathscr{E}\,\vdots\,\mathscr{B}$ entsprechen also umkehrbar eindeutig den Umformungen der Gleichungen von (I). Geht (I) in (II) über, so auch $\mathscr{E}\,\vdots\,\mathscr{B}$ in $\mathscr{B}^{-1}\,\vdots\,\mathscr{E}$ und umgekehrt.	**W(2)**
21	Aus (11) ergibt sich weiter: $$\begin{pmatrix} 1 & 0 & 0 \\ -1 & 1 & 0 \\ -2 & 0 & 1 \end{pmatrix} \begin{pmatrix} 1 & -2 & -1 \\ 0 & 3 & 2 \\ 0 & 5 & 3 \end{pmatrix} \begin{matrix} \\ \cdot(-\frac{5}{3}): \\ \end{matrix} \begin{pmatrix} 1 & 0 & 0 \\ -1 & 1 & 0 \\ -\frac{1}{3} & -\frac{5}{3} & 1 \end{pmatrix} \begin{pmatrix} 1 & -2 & -1 \\ 0 & 3 & 2 \\ 0 & 0 & -\frac{1}{3} \end{pmatrix}$$ Formen Sie selbst weiter um, so daß die rechte Matrix in $\mathscr{E}$ übergeht!	**K(211)**
31	Es muß gelten: $\mathscr{B} \cdot \mathscr{B}^{-1} = \mathscr{B}^{-1} \cdot \mathscr{B} = \mathscr{E}$. Rechnen Sie das erste Matrizenprodukt aus (Zeilen-Spaltenkombination)!	**K(311)**
41	**a)** Erste Möglichkeit: Ersetzen Sie die b_i gemäß den Gleichungen (II) der Vorbemerkung!	**K(411)**
	b) Zweite Möglichkeit: Geben Sie die neuen Komponenten mit Hilfe der Transformationsmatrix $(\mathscr{B}^{-1})^{\mathrm{T}}$ als Matrizenprodukt an!	**K(421)**

51	**a)** Setzen Sie zur Kontrolle α_i gemäß den Gleichungen I der Vorbemerkung in $y = 2\,\alpha_1 + 8\,\alpha_2 - 5\,\alpha_3$ ein!	K(511)
	b) Berechnen Sie (y_1, y_2, y_3) mit Hilfe der Transformationsmatrix $\mathcal{L}^{\mathrm{T}}$!	K(521)

211	$\begin{pmatrix} 1 & 0 & 0 \\ -1 & 1 & 0 \\ -\frac{1}{3} & -\frac{5}{3} & 1 \end{pmatrix} \ \vdots\ \begin{pmatrix} 1 & -2 & -1 \\ 0 & 3 & 2 \\ 0 & 0 & -\frac{1}{3} \end{pmatrix} \cdot(-3);\ \cdot(-2);\ \cdot 1\ ;$ Ergebnis: $\mathcal{L}^{-1} \vdots\ \mathcal{C}$ mit $\mathcal{L}^{-1} = \overline{\mathcal{L}}$. (Ganzzahligkeit von $\mathcal{L}^{-1}$ ist i. a. nicht zu erwarten).	**W(3)**
311	$\mathcal{L} \cdot \mathcal{L}^{-1}$, (als Beispiel gerechnet: erste Zeile mal dritte Spalte) $\begin{pmatrix} 1 & -2 & -1 \\ 1 & 1 & 1 \\ 2 & 1 & 1 \end{pmatrix} \cdot \begin{pmatrix} 0 & -1 & 1 \\ -1 & -3 & 2 \\ 1 & 5 & -3 \end{pmatrix} = \begin{pmatrix} 1 & 0 & 1\cdot 1 + (-2)\cdot 2 + (-1)\cdot(-3) \\ 0 & 1 & 0 \\ 0 & 0 & 1 \end{pmatrix}$	**W(4)**
411	$\mathcal{C} = \alpha_2 + \alpha_3;\ (\overline{x}_1, \overline{x}_2, \overline{x}_3) = (0, 1, 1)$	**W(41b)**
421	$\begin{pmatrix} \overline{x}_1 \\ \overline{x}_2 \\ \overline{x}_3 \end{pmatrix} = (\mathcal{L}^{-1})^{\mathrm{T}} \begin{pmatrix} x_1 \\ x_2 \\ x_3 \end{pmatrix} = \begin{pmatrix} 0 & -1 & 1 \\ -1 & -3 & 5 \\ 1 & 2 & -3 \end{pmatrix} \begin{pmatrix} 3 \\ 2 \\ 2 \end{pmatrix} = \begin{pmatrix} 0 \\ 1 \\ 1 \end{pmatrix}$	**W(5)**
511	$\mathcal{W} = -\mathcal{b}_2 + \mathcal{b}_3;\ (y_1, y_2, y_3) = (0, -1, 1)$	**W(51b)**
521	$\begin{pmatrix} y_1 \\ y_2 \\ y_3 \end{pmatrix} = \mathcal{L}^{\mathrm{T}} \begin{pmatrix} \overline{y}_1 \\ \overline{y}_2 \\ \overline{y}_3 \end{pmatrix} = \begin{pmatrix} 1 & 1 & 2 \\ -2 & 1 & 1 \\ -1 & 1 & 1 \end{pmatrix} \begin{pmatrix} 2 \\ 8 \\ -5 \end{pmatrix} = \begin{pmatrix} 0 \\ -1 \\ 1 \end{pmatrix}$	**Fertig**

Vorbemerkung: Zur Berechnung der Determinanten von n-reihigen quadratischen Matrizen macht man von folgenden Eigenschaften Gebrauch:

I   Vertauscht man zwei Zeilen (Spalten) der Matrix, so ändert die Determinante ihr Vorzeichen.

II   Multipliziert man eine Zeile (Spalte) der Matrix mit einem Skalar c, so wird die Determinante mit c multipliziert.

III   Addiert man zu einer Zeile (Spalte) der Matrix eine Linearkombination der übrigen Zeilen (Spalten), so ändert sich die Determinante nicht.

IV   Sind zwei Zeilen (Spalten) der Matrix gleich, so ist die Determinante gleich Null.

V   Für die Einheitsmatrix $\mathcal{E}$ gilt Det $\mathcal{E} = 1$

VI   Determinantenproduktsatz: Det $\mathcal{A} \cdot \mathcal{B} = $ Det $\mathcal{A} \cdot$ Det $\mathcal{B}$.

VII   Det $\mathcal{A}^{-1} = \dfrac{1}{\text{Det } \mathcal{A}}$

VIII   Det $\mathcal{A}^{T} = $ Det $\mathcal{A}$ ($\mathcal{A}^{T}$ ist die Transponierte von $\mathcal{A}$)

IX   Entwicklung nach der i-ten Zeile:

$$\text{Det } \mathcal{A} = \sum_{k=1}^{n} (-1)^{i+k} a_{ik} A_{ik}$$

Entwicklung nach der k-ten Spalte

$$\text{Det } \mathcal{A} = \sum_{i=1}^{n} (-1)^{i+k} a_{ik} A_{ik}.$$

Dabei ist a_{ik} das Element von $\mathcal{A}$ in der i-ten Zeile und der k-ten Spalte und A_{ik} die Determinante der Teilmatrix von $\mathcal{A}$, die durch Streichen der i-ten Zeile und der k-ten Spalte entsteht.

$(-1)^{i+k} A_{ik}$ wird häufig als algebraisches Komplement oder auch Adjunkte von a_{ik} bezeichnet.

Die Verteilung der Vorzeichen für die Adjunkten der Elemente a_{ik}: $(-1)^{i+k}$ prägt man sich am einfachsten an Hand des nebenstehenden Schachbrettmusters ein.

$$
\begin{array}{ccccc}
+ & - & + & - & \ldots \\
- & + & - & + & \ldots \\
+ & - & + & - & \ldots \\
- & + & - & + & \ldots \\
\multicolumn{5}{c}{\ldots\ldots\ldots\ldots\ldots}
\end{array}
$$

Aufgabe: Berechnen Sie die Determinante der Matrix $\mathcal{O}$ unter Anwendung der Linearitätseigenschaften und des Entwicklungssatzes und die Determinante von $\mathcal{O}\cdot\mathcal{L}$ mit Hilfe des Produktsatzes!

$$\mathcal{O} = \begin{pmatrix} 2 & 4 & 6 & 4 & 6 & 4 \\ 3 & 6 & 9 & 3 & 9 & 6 \\ 2 & -2 & 4 & -7 & 2 & -7 \\ 1 & 0 & 3 & 5 & 3 & 0 \\ -5 & 1 & 2 & -4 & 3 & 8 \\ 2 & 0 & 3 & -9 & 3 & 0 \end{pmatrix} \qquad \mathcal{L} = \begin{pmatrix} 1 & 0 & 0 & 0 & 0 & 0 \\ 0 & 0 & 0 & 1 & 0 & 0 \\ 0 & 0 & 1 & 0 & 0 & 0 \\ 0 & 0 & 0 & 0 & 1 & 0 \\ 0 & 0 & 0 & 0 & 0 & 1 \\ 0 & 1 & 0 & 0 & 0 & 0 \end{pmatrix}$$

Bezeichnungen: Det $\mathcal{O} = A$ Det $\mathcal{L} = C$.

1	Wendet man die Linearitätseigenschaft der Determinanten auf die ersten beiden Zeilen von $\mathfrak{A}$ an, so kann man erreichen, daß in der ersten Zeile an der vierten Stelle eine 1 und sonst lauter Nullen stehen.	**K(111), H(11)**
2	Entwickeln Sie nach der ersten Zeile der umgeformten Matrix $\mathfrak{A}''$!	**K(21)**
3	Nach Zeilenumformung mit der dritten und fünften Zeile in A_{14} entwickeln Sie am besten nach der letzten Zeile.	**K(311), H(31)**
4	Versuchen Sie, mit möglichst wenigen Spaltenumformungen weiter zu vereinfachen und zu entwickeln!	**K(411), H(41)**
5	Durch Vertauschen der Zeilen von $\mathcal{L}$ erhält man einen Zusammenhang zwischen Det $\mathcal{L}$ und Det $\mathfrak{E}$. Berechnen Sie damit Det $\mathcal{L}$!	**W(6), H(51)**
6	Berechnen Sie Det $\mathfrak{A} \cdot \mathcal{L}$ mit (VI)!	**K(61)**

11	Eigenschaft (II) auf die ersten beiden Zeilen von α angewandt liefert $A = 2 \cdot 3 \cdot \mathrm{Det}\, \alpha'$ mit den ersten Zeilen $1\,2\,3\,2\,3\,2$ und $1\,2\,3\,1\,3\,2$ in α'. Wenden Sie jetzt (III) auf α' an!	**H(111)**
21	Entwicklung nach der ersten Zeile liefert nur einen Summanden: $$A = 2 \cdot 3 \cdot \mathrm{Det}\, \alpha'' = 2 \cdot 3 \cdot \left(\sum_{k=1}^{6} (-1)^{1+k} a_{1k} A_{1k} \right) = 2 \cdot 3 \cdot (-1)^{1+4} \cdot A_{14}$$ $$A = 2 \cdot 3 \begin{vmatrix} 0 & 0 & 0 & \textcircled{1} & 0 & 0 \\ 1 & 2 & 3 & 1 & 3 & 2 \\ 2 & -2 & 4 & -7 & 2 & -7 \\ 1 & 0 & 3 & 5 & 3 & 0 \\ -5 & 1 & 2 & -4 & 3 & 8 \\ 2 & 0 & 3 & -9 & 3 & 0 \end{vmatrix} = 2 \cdot 3 \cdot (-1)^{1+4} \cdot 1 \underbrace{\begin{vmatrix} 1 & 2 & 3 & 3 & 2 \\ 2 & -2 & 4 & 2 & -7 \\ 1 & 0 & 3 & 3 & 0 \\ -5 & 1 & 2 & 3 & 8 \\ 2 & 0 & 3 & 3 & 0 \end{vmatrix}}_{A_{14}}$$	**W(3)**
31	Subtraktion der dritten von der fünften Zeile liefert A'_{14} mit der letzten Zeile $1\,0\,0\,0\,0$. Entwickeln Sie nach dieser letzten Zeile!	**K(311)**
41	Man forme die zweite Spalte von B_{51} mittels der dritten um und entwickle nach der dritten Zeile!	**H(411)**
51	Vertauschung der zweiten und letzten Zeile und danach der vierten und der letzten sowie der fünften und der letzten Zeile führen $\mathcal{L}$ in die Einheitsmatrix $\mathcal{E}$ über. Also ist $\mathrm{Det}\, \mathcal{L} = (-1)^3 \cdot \mathrm{Det}\, \mathcal{E} = -1$.	**W(6)**
61	$\mathrm{Det}\, \alpha \cdot \mathcal{L} = \mathrm{Det}\, \alpha \cdot \mathrm{Det}\, \mathcal{L} = (-324) \cdot (-1) = 324$.	**Fertig**

111	Subtraktion der zweiten von der ersten Zeile in $\mathcal{O}\!\mathit{l}'$ liefert $A = 2 \cdot 3 \cdot \mathrm{Det}\ \mathcal{O}\!\mathit{l}''$ mit der ersten Zeile 0 0 0 1 0 0 in $\mathcal{O}\!\mathit{l}''$.	W(2)
311	Entwicklung von A'_{14} nach der letzten Zeile liefert: $$A = -2 \cdot 3 \cdot (-1)^{5+1} \cdot B_{51} \quad \text{mit} \quad B_{51} = \begin{vmatrix} 2 & 3 & 3 & 2 \\ -2 & 4 & 2 & -7 \\ 0 & 3 & 3 & 0 \\ 1 & 2 & 3 & 8 \end{vmatrix}$$	W(4)
411	$$A = -2 \cdot 3 \cdot (-1)^{3+3} \cdot 3 \cdot C_{33} = -2 \cdot 3 \cdot 3 \cdot (-1)^{1+1} \cdot 2 \cdot D_{11} \quad \text{mit}$$ $$C_{33} = \begin{vmatrix} 2 & 0 & 2 \\ -2 & 2 & -7 \\ 1 & -1 & 8 \end{vmatrix} \ ; \quad D_{11} = \begin{vmatrix} 2 & -5 \\ -1 & 7 \end{vmatrix} = 2 \cdot 7 - 1 \cdot 5 = 9.$$ Ergebnis: $A = -2^2 \cdot 3^2 \cdot 9 = -2^2 \cdot 3^4 = -324.$	W(5)

Vorbemerkung: Zu einem homogenen linearen Gleichungssystem mit den Koeffizienten a_{jk} gehört die Matrix $\mathfrak{A} = (a_{jk})$.

$$
\begin{aligned}
a_{11}x_1 + a_{12}x_2 + \ldots + a_{1n}x_n &= 0 \\
\ldots\ldots\ldots\ldots\ldots\ldots \\
a_{j1}x_1 + a_{j2}x_2 + \ldots + a_{jn}x_n &= 0 \\
\ldots\ldots\ldots\ldots\ldots\ldots \\
a_{r1}x_1 + a_{r2}x_2 + \ldots + a_{rn}x_n &= 0.
\end{aligned}
\qquad
\mathfrak{A} =
\begin{pmatrix}
a_{11} & a_{12} & \ldots & a_{1n} \\
\vdots & & & \\
a_{j1} & a_{j2} & \ldots & a_{jn} \\
\vdots & & & \\
a_{r1} & a_{r2} & \ldots & a_{rn}
\end{pmatrix}
$$

Hat die Matrix $\mathfrak{A}$ den Rang $r < n$ (hier gleich der Anzahl der Gleichungen), dann hat der Lösungsraum des LGS die Dimension $n-r$. Eine Möglichkeit, die Lösungen anzugeben, zeigt die folgende Aufgabe.

Aufgabe: Ergänzen Sie die Matrix $\mathfrak{A}$ durch Hinzufügen von $(n-r)$ weiteren Zeilen so zu einer Matrix $\mathfrak{B}$, daß Det $\mathfrak{B} = |\mathfrak{B}| \neq 0$ ist.

$$
\mathfrak{B} =
\begin{pmatrix}
a_{11} & a_{12} & \ldots & a_{1n} \\
\vdots & & & \\
a_{r1} & a_{r2} & \ldots & a_{rn} \\
a_{r+1,1} & a_{r+1,2} & \ldots & a_{r+1,n} \\
\vdots & & & \\
a_{n1} & a_{n2} & \ldots & a_{nn}
\end{pmatrix}
\qquad \text{mit } |\mathfrak{B}| \neq 0
$$

Bilden Sie zu den neuen Elementen $a_{r+i,\,k}$ jeweils die algebraischen Komplemente $A_{r+i,\,k}$, und zeigen Sie, daß

a) jeder Vektor $(A_{r+i,1}\, A_{r+i,2}, \ldots, A_{r+i,n}) = \mathfrak{v}_i$ ein Lösungsvektor des LGS ist $(i = 1, \ldots, n-r)$,

b) daß diese $(n-r)$ Vektoren linear unabhängig sind!

1	Kann man die Matrix $\mathcal{A}$ stets in der angegebenen Weise zu einer Matrix $\mathcal{B}$ ergänzen?	W(2), H(11)
2	Was versteht man unter dem algebraischen Komplement A_{jk} des Elements a_{ik} in $\mathcal{B}$?	K(21)
3	Kennen Sie die Entwicklung einer Determinante nach einer Zeile?	W(4), H(31)
4	Wenn die unter **a)** angegebenen Vektoren $\mathfrak{v}_i$ Lösungen des LGS sein sollen, dann muß gelten $$\sum_{k=1}^{n} a_{jk} A_{r+i,\,k} = 0 \quad \text{für } j = 1, 2, \ldots, r.$$ Versuchen Sie, aus $\mathcal{B}$ eine neue Matrix $\mathcal{B}^*$ so zu konstruieren, daß Sie die Summe $\sum_{k=1}^{n} a_{jk} A_{r+i,\,k}$ (zunächst für festes j) als Entwicklung von $|\mathcal{B}^*|$ nach einer Zeile auffassen können!	W(5), H(41)
5	Es ist $|\mathcal{B}^*| = 0$. Warum?	W(6), H(51)
6	Ist damit Aufgabe **a)** erledigt?	W(7), H(61)

7	Um die lineare Unabhängigkeit der α_i zu zeigen, bilden Sie am besten zunächst die Matrix $\mathcal{L} = (A_{ik})$ der algebraischen Komplemente der Elemente a_{ik} von $\mathcal{L}$. Dann zeigen Sie $\lvert \mathcal{L} \cdot \mathcal{L}^{\mathrm{T}} \rvert \neq 0$.	W(8), H(71)
8	Warum sind die α_i linear unabhängig?	K(811), H(81)

11	Es ist $|\mathcal{B}| \neq 0$ genau dann, wenn die Zeilenvektoren von $\mathcal{B}$ linear unabhängig sind. Ist klar, daß sich die Zeilen von $\mathcal{A}$ aufgefaßt als Vektoren von IR^n, durch $(n-r)$ weitere Zeilen zu n linear unabhängigen Zeilen ergänzen lassen?	**W(2), H(111)**
21	A_{jk} ist das $(-1)^{i+k}$-fache der Determinante jener Matrix, die aus $\mathcal{B}$ durch Streichen der i-ten Zeile und k-ten Spalte entsteht.	**W(3)**
31	Entwicklung von $|\mathcal{B}|$ nach der s-ten Zeile: $\displaystyle |\mathcal{B}| = \sum_{k=1}^{n} a_{sk} A_{sk}$	**W(4)**
41	Sie müssen in $\mathcal{B}$ eine der neuen Zeilen durch die j-te Zeile ersetzen. Welche?	**H(411)**
51	In $\mathcal{B}^*$ sind zwei Zeilen gleich, nämlich die j-te Zeile und die $(r+i)$-te Zeile. Daraus folgt $|\mathcal{B}^*| = 0$.	**W(6)**
61	Wir haben zunächst j festgehalten. Aber man kann für jedes j ein solches $\mathcal{B}^*$ angeben und die Schlüsse wiederholen.	**W(7)**

71	In der i-ten Zeile und k-ten Spalte von $\mathcal{L} \cdot \mathcal{B}^{\mathrm{T}}$ steht das Element $d_{ik} = \sum\limits_{r=1}^{n} A_{ir} a_{kr}$. Was ist d_{ik} für $i = k$ und für $i \neq k$?	**H(711)**
81	Wegen $|\mathcal{L} \cdot \mathcal{B}^{\mathrm{T}}| = |\mathcal{L}| \cdot |\mathcal{B}^{\mathrm{T}}|$ nach dem Determinantenproduktsatz und $|\mathcal{B}^{\mathrm{T}}| = |\mathcal{B}| \neq 0$ ist auch $|\mathcal{L}| \neq 0$. Schließen Sie weiter!	**H(811)**

---

111   Wegen Rang $\mathcal{O}l = r$ (= Maximalzahl linear unabhängiger Zeilen in $\mathcal{O}l$) sind die r Zeilenvektoren in $\mathcal{O}l$ l. u. Nach dem Basisergänzungssatz kann man diese durch $(n-r)$ l. u. Vektoren zu einer Basis des $\mathbb{R}^n$ ergänzen.

W(2)

---

411 $A_{r+i,\,k}$ ist algebraisches Komplement von $a_{r+i,\,k}$. Man muß also $a_{r+i,\,k}$ durch a_{jk} ersetzen:

$$
\mathcal{B}^* = \begin{pmatrix}
a_{11} & \cdots\cdots\cdots\cdots\cdots & a_{1n} \\
\vdots & & \vdots \\
a_{j1} & \cdots\cdots\cdots\cdots\cdots & a_{jn} \\
\vdots & & \vdots \\
a_{r1} & \cdots\cdots\cdots\cdots\cdots & a_{rn} \\
\vdots & & \vdots \\
a_{r+i-1,\,1} & \cdots\cdots\cdots\cdots\cdots & a_{r+i-1,\,n} \\
a_{j1} & \cdots\cdots\cdots\cdots\cdots & a_{jn} \\
a_{r+i+1,\,1} & \cdots\cdots\cdots\cdots\cdots & a_{r+i+1,\,n} \\
\vdots & & \vdots \\
a_{n1} & \cdots\cdots\cdots\cdots\cdots & a_{nn}
\end{pmatrix}
$$

W(5)

---

711   Es ist nach den Regeln für die Determinantenentwicklung

$$
d_{ik} = \begin{cases} |\mathcal{B}| & \text{für } \; i = k \\ 0 & \text{für } \; i \neq k \end{cases}
$$

Geben Sie damit $\mathcal{L} \cdot \mathcal{B}^{T}$ und $|\mathcal{L} \cdot \mathcal{B}^{T}| \neq 0$ an!

K(712)

112

712	Nach **(711)** ist $$\mathcal{L} \cdot \mathcal{L}^{\mathrm{T}} = \begin{pmatrix} \lvert\mathcal{L}\rvert & 0 & \cdots & \cdots & 0 \\ 0 & \lvert\mathcal{L}\rvert & & & \vdots \\ \vdots & & \ddots & & \vdots \\ \vdots & & & \ddots & 0 \\ 0 & \cdots & \cdots & 0 & \lvert\mathcal{L}\rvert \end{pmatrix}$$ also $\lvert\mathcal{L} \cdot \mathcal{L}^{\mathrm{T}}\rvert = \lvert\mathcal{L}\rvert^{n} \neq 0$, da nach Voraussetzung $\lvert\mathcal{L}\rvert \neq 0$ war.	**W(8)**
811	$\lvert\mathcal{L}\rvert \neq 0 \Rightarrow$ die Zeilenvektoren von $\mathcal{L}$ sind l. u. Also ist auch das Teilsystem der $(n-r)$ letzten Zeilenvektoren l. u.	**Fertig**

Vorbemerkung: Gegeben sind drei LGS:

$$
\begin{array}{lll}
\text{(I):} & \text{bzw. (II):} & \text{und (III):}
\end{array}
$$

$$
\begin{array}{lcl}
\begin{array}{l}
x_1 + x_2 + x_3 = 1 \\
 x_3 + x_4 = 2 \\
x_1 + x_2 + 2x_3 + x_4 = 1
\end{array}
&
\begin{array}{l}
= 1 \\
= 2 \\
= 3
\end{array}
&
\begin{array}{l}
x_1 + x_2 + x_3 = 1 \\
 x_3 + x_4 = 2 \\
x_1 + x_2 + x_3 + x_4 = 1
\end{array}
\end{array}
$$

Dazu gehören drei lineare Abbildungen $\Phi_i : \mathbb{R}^4 \longrightarrow \mathbb{R}^3$.

Mit $\varphi = (x_1, x_2, x_3, x_4)^T$ ist

$$
\Phi_1(\varphi) = \begin{pmatrix} x_1' \\ x_2' \\ x_3' \end{pmatrix} = \begin{pmatrix} x_1 + x_2 + x_3 \\ x_3 + x_4 \\ x_1 + x_2 + 2x_3 + x_4 \end{pmatrix} = \Phi_2(\varphi); \quad \Phi_3(\varphi) = \begin{pmatrix} x_1 + x_2 + x_3 \\ x_3 + x_4 \\ x_1 + x_2 + x_3 + x_4 \end{pmatrix}
$$

Die zu den LGS gehörigen (einfachen bzw. erweiterten) Matrizen sind:

$$
(\mathcal{O}_1 \mid \alpha_1) \quad \text{bzw.} \quad (\mathcal{O}_2 \mid \alpha_2) = (\mathcal{O}_1 \mid \alpha_2) \quad \text{und} \quad (\mathcal{O}_3 \mid \alpha_3)
$$

$$
\left(\begin{array}{cccc|c} 1 & 1 & 1 & 0 & 1 \\ 0 & 0 & 1 & 1 & 2 \\ 1 & 1 & 2 & 1 & 1 \end{array}\right) \quad
\left(\begin{array}{cccc|c} 1 & 1 & 1 & 0 & 1 \\ 0 & 0 & 1 & 1 & 2 \\ 1 & 1 & 2 & 1 & 3 \end{array}\right) \quad
\left(\begin{array}{cccc|c} 1 & 1 & 1 & 0 & 1 \\ 0 & 0 & 1 & 1 & 2 \\ 1 & 1 & 1 & 1 & 1 \end{array}\right)
$$

$$
\begin{array}{ccccc}
\uparrow & \uparrow & \uparrow & \uparrow & \uparrow \\
\mathfrak{b}_1 & \mathfrak{b}_2 & \mathfrak{b}_3 & \mathfrak{b}_4 & \alpha_1
\end{array} \qquad
\begin{array}{ccccc}
\uparrow & \uparrow & \uparrow & \uparrow & \uparrow \\
\mathfrak{b}_1 & \mathfrak{b}_2 & \mathfrak{b}_3 & \mathfrak{b}_4 & \alpha_2
\end{array} \qquad
\begin{array}{ccccc}
\uparrow & \uparrow & \uparrow & \uparrow & \uparrow \\
\mathfrak{f}_1 & \mathfrak{f}_2 & \mathfrak{f}_3 & \mathfrak{f}_4 & \alpha_3
\end{array}.
$$

Aufgabe: Vergegenwärtigen Sie sich den Zusammenhang der beiden nachfolgenden Lösbarkeitskriterien für LGS mit den zugehörigen linearen Abbildungen anhand der drei gegebenen Beispiele, und bestimmen Sie die Lösungen durch Spaltenumformungen.

Lösbarkeitskriterien:

a) Ein LGS ist genau dann lösbar, wenn der Rang der einfachen Matrix gleich dem Rang der erweiterten Matrix ist.

b) Ein LGS ist stets lösbar, wenn der Rang der einfachen Matrix maximal ist, d.h. gleich der Anzahl der Gleichungen ist.

1	Was heißt Lösbarkeit bzw. Unlösbarkeit des LGS (I) mit Hilfe von Φ_1 ausgedrückt?	W(2), H(11)
2	Bestimmen Sie eine Basis für den Bildraum von Φ_1 und damit Rang α_1 = Rang Φ_1 !	K(211), H(21)
3	Berechnen Sie die Ränge der erweiterten Matrizen $(\alpha_1 \mid v_1)$ und $(\alpha_1 \mid \alpha_2)$, und entscheiden Sie mit (1), (2) über die Lösbarkeit von (I) und (II)!	K(3111), H(31)
4	Geben Sie v_2 als LK von $t_1, \ldots, t_4$ an, und lesen Sie daraus eine Lösung von (I) ab!	K(411), H(41)
5	Bestimmen Sie analog zum Verfahren von (4) eine Basis des Kerns von Φ_1 und zusammen mit der speziellen Lösung von (411) die Lösungsmenge von (II)!	K(5111), H(51)
6	Prüfen Sie die Lösbarkeit von (III), indem Sie eine Basis des Bildraumes von Φ_3 und damit Rang α_3 bestimmen!	K(61)
7	Kombinieren Sie v_3 aus t_2, t_3, t_4, und bestimmen Sie so eine spezielle Lösung von (III)!	K(711), H(71)
8	Berechnen Sie die Lösungsmenge von (III) wie unter (5)!	K(811), H(81)

11	Lösungen von (I) sind die $\varphi \in \mathbb{R}^4$ mit $\Phi_1(\varphi) = \upsilon_1$. *Lösbarkeit:* Es gibt $\varphi \in \mathbb{R}^4$ mit $\Phi_1(\varphi) = \upsilon_1$, d. h. υ_1 muß im Bildraum $\Phi_1(\mathbb{R}^4)$ liegen. Formulieren Sie entsprechend die Unlösbarkeit!	**K(111)**
21	Die Spaltenvektoren $\mathfrak{s}_1, \ldots, \mathfrak{s}_4$ von $\mathcal{O}_1$ sind die Bilder der (kanonischen) Basisvektoren $u_1, \ldots, u_4$ von $\mathbb{R}^4$ bei Φ_1. Also $\Phi_1(\mathbb{R}^4) = [\mathfrak{s}_1, \ldots, \mathfrak{s}_4]$. Bestimmen Sie jetzt eine Basis von $\Phi_1(\mathbb{R}^4)$!	**K(211)**
31	Rang $(\mathcal{O}_1 \mid \upsilon_1) = \dim[\mathfrak{s}_1, \mathfrak{s}_2, \mathfrak{s}_3, \mathfrak{s}_4, \upsilon_1]$. Es sind $\mathfrak{s}_3, \mathfrak{s}_4, \upsilon_1$ l. u. (elementare Umformungen), also Rang$(\mathcal{O}_1 \mid \upsilon_1) = 3$ und $\upsilon_1 \notin [\mathfrak{s}_3, \mathfrak{s}_4]$. Folgern Sie weiter mit (1), ebenso für $(\mathcal{O}_1 \mid \upsilon_2)$!	**H(311)**
41	Es ist z. B. $\upsilon_2 = \mathfrak{s}_3 + \mathfrak{s}_4 = \Phi_1(u_3) + \Phi_1(u_4) = \Phi_1(u_3 + u_4)$. Lesen Sie den Lösungsvektor aus $\mathbb{R}^4$ ab!	**K(411)**
51	$\dim \operatorname{Kern} \Phi_1 = \dim \mathbb{R}^4 - \operatorname{Rang} \Phi_1 = 2$. Zwei l. u. Vektoren des Kerns sind gesucht. Es ist z. B. $\upsilon = \mathfrak{s}_1 - \mathfrak{s}_2$. Geben Sie das Urbild an, und suchen Sie einen zweiten Basisvektor des Kerns (vgl. (211))!	**K(5111), H(511)**
61	Z. B. sind $\mathfrak{t}_2, \mathfrak{t}_3, \mathfrak{t}_4$ l. u. (elementare Umformungen), d. h. Rang $\Phi_3 = \operatorname{Rang} \mathcal{O}_3 = 3$. Der Bildraum ist der ganze $\mathbb{R}^3$, d. h. nach (1) ist das LGS (III) nicht nur für υ_3 sondern für jedes $\upsilon \in \mathbb{R}^3$ lösbar.	**W(7)**

71	Z. B. ist $\alpha_3 = 2\,\mathfrak{t}_3 - \mathfrak{t}_2$. Lösung von (III) also?	**K(711)**
81	Es ist $\dim \operatorname{Kern} \Phi_3 = \dim \mathbb{R}^4 - \operatorname{Rang} \Phi_3 = 1.\ \mathfrak{t}_1 - \mathfrak{t}_2 = \mathfrak{v}$; Basis des Kerns und Lösungsmenge?	**K(811)**

111	*Unlösbarkeit:* Es gibt kein $\varphi \in \mathbb{R}^4$ mit $\Phi_1(\varphi) = \mathfrak{a}_1$, d. h. $\mathfrak{a}_1$ liegt nicht im Bildraum von Φ_1.	**W(2)**
211	Z. B. sind $\mathfrak{b}_3, \mathfrak{b}_4$ l. u. und $\mathfrak{b}_1 = \mathfrak{b}_2 = \mathfrak{b}_3 - \mathfrak{b}_4$; also $\Phi_1(\mathbb{R}^4) = [\mathfrak{b}_3, \mathfrak{b}_4]$; Rang Φ_1 = Rang $\mathfrak{A}_1$ = 2.	**W(3)**
311	$\mathfrak{a}_1 \notin [\mathfrak{b}_3, \mathfrak{b}_4] = \Phi_1(\mathbb{R}^4) \xrightarrow{(1)}$ (I) unlösbar; dagegen ist $\mathfrak{a}_2 = \mathfrak{b}_3 + \mathfrak{b}_4 \in [\mathfrak{b}_3, \mathfrak{b}_4] = \Phi_1(\mathbb{R}^4)$. Folgern Sie weiter für Rang$(\mathfrak{A}_1 \mid \alpha_2)$!	**K(3111)**
411	$\mathfrak{u}_3 + \mathfrak{u}_4 = (0, 0, 1, 1)$ wird bei Φ_1 auf α_2 abgebildet. Setzen Sie zur Kontrolle in (II) ein!	**W(5)**
511	$\mathfrak{v} = \mathfrak{b}_1 - \mathfrak{b}_2 = \Phi_1(\mathfrak{u}_1 - \mathfrak{u}_2)$. Urbild: $\mathfrak{u}_1 - \mathfrak{u}_2 = (1, -1, 0, 0) = \mathfrak{k}_1$ $\mathfrak{v} = \mathfrak{b}_1 - \mathfrak{b}_3 + \mathfrak{b}_4$. Urbild: $\mathfrak{u}_1 - \mathfrak{u}_3 + \mathfrak{u}_4 = (1, 0, -1, 1) = \mathfrak{k}_2$. $\{\mathfrak{k}_1, \mathfrak{k}_2\}$ ist Basis des Kerns. Geben Sie jetzt die Lösungsmenge von II an (vgl. **PA 18**)!	**K(5111)**
711	$\mathfrak{a}_3 = -\mathfrak{l}_2 + 2\,\mathfrak{l}_3 = \Phi_3(-\mathfrak{u}_2 + 2\,\mathfrak{u}_3)$. Spezielle Lösung: $(0, -1, 2, 0)$. (Einsetzen in (III) zur Probe).	**W(8)**
811	$\mathfrak{v} = \Phi_3(\mathfrak{u}_1 - \mathfrak{u}_2)$, also Basisvektor des Kerns: $(1, -1, 0, 0)$. Lösungsmenge in Parameterdarstellung: $$\varphi = (0, -1, 2, 0) + t\,(1, -1, 0, 0)$$	**Fertig**

3111	$\alpha_2 \in [\vec{b}_3, \vec{b}_4] \iff \mathrm{Rang}\,(\mathcal{O}_1 \mid \alpha_2) = \dim\,[\vec{b}_3, \vec{b}_4]$ $= \mathrm{Rang}\,\mathcal{O}_1 \overset{(1)}{\iff} \text{Lösbarkeit von (I).}$ Zusammenfassend: $\alpha_1 \notin \Phi_1(\mathbb{R}^4) \iff \dim\,[\vec{b}_1, \ldots, \vec{b}_4, \alpha_1] > \dim\,[\vec{b}_1, \ldots, \vec{b}_4]$ Unlösbarkeit von (I) $\iff \mathrm{Rang}\,(\mathcal{O}_1 \mid \alpha_1) = 3 > \mathrm{Rang}\,\mathcal{O}_1 = 2$ $\alpha_2 \notin \Phi_1(\mathbb{R}^4) \iff \dim\,[\vec{b}_1, \ldots, \vec{b}_4, \alpha_2] = \dim\,[\vec{b}_1, \ldots, \vec{b}_4].$ Lösbarkeit von (II) $\iff \mathrm{Rang}\,(\mathcal{O}_1 \mid \alpha_2) = 2 = \mathrm{Rang}\,\mathcal{O}_1\,.$	**W(4)**
5111	Parameterdarstellung der allgemeinen Lösung mit der speziellen Lösung von **(411)** $\varphi = (0, 0, 1, 1) + r\,(1, -1, 0, 0) + s\,(1, 0, -1, 1).$	**W(6)**

Vorbemerkung: Die Koeffizienten eines LGS hängen häufig von Parametern ab (im folgenden Beispiel von q), die die Lösungsmenge wesentlich beeinflussen.

Gegeben ist folgendes LGS:

$$
\begin{aligned}
x_1 + 2x_2 - \quad qx_3 \quad\quad\quad + 4x_5 + (\ q + 1)\,x_6 &= -q \\
-3x_1 - 6x_2 + 3qx_3 \quad\quad\quad - 12x_5 - (2q + 2)\,x_6 &= 2q \\
2x_1 + 4x_2 - 2qx_3 + \quad x_4 + 10x_5 \quad\quad\quad\quad\quad &= 2 \\
2x_1 + 4x_2 - 2qx_3 - 2x_4 + \quad 4x_5 + (6q + 6)\,x_6 &= -4 - 6q
\end{aligned}
$$

Aufgabe: Zeigen Sie mit Hilfe des Gaußschen Eliminationsverfahrens ohne Spaltenvertauschungen, daß das LGS nur für $q = -1$ unlösbar ist, und geben Sie für $q = 0$ eine Parameterdarstellung der Lösungsmenge an!

1	Führen Sie die Koeffizientenmatrix des LGS durch elementare Zeilenumformungen in die folgende Gestalt über: $$\left(\begin{array}{cccccc\|c} ① & 2-q & 0 & 4 & 0 & 0 & 0 \\ 0 & 0 & 0 & ① & 2 & 0 & 2 \\ 0 & 0 & 0 & 0 & 0 & q+1 & -q \\ 0 & 0 & 0 & 0 & 0 & 0 & 0 \end{array}\right) = (\mathfrak{A}' \mid \mathfrak{a}')$$	K(111), H(11)
2	Prüfen Sie die Lösbarkeit des LGS durch Diskussion der möglichen Werte von Rang $\mathfrak{A}'$ bzw. Rang$(\mathfrak{A}' \mid \mathfrak{a}')$!	K(2111), H(21)
3	Geben Sie die Lösungsmenge des LGS für $q = 0$ in Parameterdarstellung an!	K(3111), H(31)

11

Für die Koeffizientenmatrix des LGS bieten sich zunächst
folgende Umformungen an

$$
\left(
\begin{array}{cccccc|c}
1 & 2 & -q & 0 & 4 & (q+1) & -q \\
-3 & -6 & 3q & 0 & -12 & -(2q+2) & 2q \\
2 & 4 & -2q & 1 & 10 & 0 & 2 \\
2 & 4 & -2q & -2 & 4 & 6q+6 & -4-6q
\end{array}
\right)
$$

$\cdot 3;\quad \cdot(-2);\quad \cdot(-2)$

Suchen Sie weitere Umformungen, um auf die Gestalt **(1)**
zu kommen!

K(111)

21

Welche Werte kann Rang α' annehmen, und was ergibt sich
jeweils für Rang $(\alpha'\,|\,\alpha')$? (vgl. **PA 23**)

K(211)

31

Schreiben Sie für $q = 0$ die zur Endformmatrix **(1)** gehörigen
Gleichungen nochmals auf, und geben Sie an, wie
$x_1, x_2, \ldots, x_6$ von x_2, x_3 und x_5 abhängen!

H(311)

111	Ergebnis von (11): $$\left(\begin{array}{cccccc|c} 1 & 2-q & 0 & 4 & (q+1) & -q \\ 0 & 0 & 0 & 0 & (q+1) & -q \\ 0 & 0 & 0 & 1 & 2 & -(2q+2) & 2q+2 \\ 0 & 0 & 0 & -2 & -4 & (4q+4) & -(4q+4) \end{array}\right)$$ $\cdot(-1);\ \cdot2;\ \cdot2;$ Mit den angedeuteten vier Umformungen ergibt sich die Matrix in **(1)**.	**W(2)**
211	Erster Fall: Rang $\mathcal{O}l' = 2$ ist nur möglich für $q = -1$. Damit ist Rang$(\mathcal{O}l' \mid \alpha') = 3 > $ Rang $\mathcal{O}l'$, das LGS ist für $q = -1$ unlösbar. Zweiter Fall?	**K(2111)**
311	$x_1 = 0 - 2x_2 + 0x_3 - 4x_5$ Erste Gleichung von (1) $x_2 = 0 + 1x_2 + 0x_3 + 0x_5$ (ergänzt) $x_3 = 0 + 0x_2 + 1x_3 + 0x_5$ (ergänzt) $x_4 = ..\ \ \ ...\ \ \ ...\ \ \ ...$ Zweite Gleichung von (1) $x_5 = ..\ \ \ ...\ \ \ ...\ \ \ ...$ $x_6 = ..\ \ \ ...\ \ \ ...\ \ \ ...$ Füllen Sie selbst weiter aus! Ersetzen Sie $x_2 = k_1$, $x_3 = k_2$, $x_5 = k_3$, und fassen Sie spaltenweise zur Parameterdarstellung zusammen!	**K(3111)**

2111	Für $q \neq -1$ ist Rang $\mathcal{O}l' = 3$ (drei l. u. Zeilen bzw. Spalten). Da in der Matrix $(\mathcal{O}l' \mid \mathfrak{v}l')$ überhaupt nur drei l. u. Zeilen bzw. Spalten auftreten können, ist Rang$(\mathcal{O}l' \mid \mathfrak{v}l')$ = Rang $\mathcal{O}l'$, d. h. das LGS ist für alle $q \neq -1$ lösbar.	**W(3)**
3111	$$\varphi = \begin{pmatrix} x_1 \\ x_2 \\ x_3 \\ x_4 \\ x_5 \\ x_6 \end{pmatrix} = \begin{pmatrix} 0 \\ 0 \\ 0 \\ 2 \\ 0 \\ 0 \end{pmatrix} + k_1 \begin{pmatrix} -2 \\ 1 \\ 0 \\ 0 \\ 0 \\ 0 \end{pmatrix} + k_2 \begin{pmatrix} 0 \\ 0 \\ 1 \\ 0 \\ 0 \\ 0 \end{pmatrix} + k_3 \begin{pmatrix} -4 \\ 0 \\ 0 \\ -2 \\ 1 \\ 0 \end{pmatrix}$$ Die Dimension des Lösungsraums ist also 3.	**Fertig**

Vorbemerkung: In der Halbgruppe der quadratischen n-reihigen Matrizen bilden die invertierbaren Matrizen eine Untergruppe. Eine Matrix ist genau dann invertierbar, wenn ihre Determinante von Null verschieden ist. Zur Berechnung der Inversen einer Matrix bieten sich vor allem zwei Verfahren an:

a) mit Hilfe von Adjunkten (Determinantenentwicklungssatz),

b) durch simultanes Lösen von Gleichungssystemen.

Aufgabe: Berechnen Sie die Inverse der Matrix

$$\mathscr{L} = \begin{pmatrix} 1 & 0 & -2 \\ 0 & 1 & 0 \\ -1 & 1 & 0 \end{pmatrix} \quad \text{nach beiden Verfahren!}$$

1	Ist die Matrix $\mathcal{B}$ überhaupt invertierbar? Berechnen Sie die Determinante $\lvert \mathcal{B} \rvert$!	W(2), H(11)
2	Wie lautet die Darstellung von $\mathcal{B}^{-1}$ mit Hilfe der Adjunkten von $\mathcal{B}$?	W(3), H(21)
3	Geben Sie die Matrix (B_{ik}^{*}) der Adjunkten an!	W(4), H(31)
4	Schreiben Sie jetzt $\mathcal{B}^{-1}$ explizit auf!	W(5), H(41)
5	Schreiben Sie die Gleichungen für die Koeffizienten c_{ik} von $\mathcal{B}^{-1}$, die zu $\mathcal{B} \cdot \mathcal{B}^{-1} = \mathcal{E}$ führen, explizit auf!	W(6), H(51)
6	Die Gleichungssysteme aus (51) haben jeweils die gleichen linken Seiten. Man kann sie also simultan umformen. Schreiben Sie das Koeffizientenschema dazu auf!	W(7), H(61)
7	Lösen Sie die Gleichungssysteme nach dem Gaußschen Eliminationsverfahren (elementare Umformungen)!	Fertig, H(71)

11	$$\lvert \mathscr{L} \rvert = \begin{vmatrix} 1 & 0 & -2 \\ 0 & 1 & 0 \\ -1 & 1 & 0 \end{vmatrix} = -2 \neq 0, \text{ also ist } \mathscr{L} \text{ invertierbar.}$$ (Entwicklung nach der letzten Spalte (vgl. **PA 22**))	**W(2)**
21	$\mathscr{L}^{-1} = (c_{ik}) = \frac{1}{\lvert \mathscr{L} \rvert}(B^*_{ik})^{\mathrm{T}}$. Dabei ist $B^*_{ik} = (-1)^{i+k} B_{ik}$ die Adjunkte von b_{ik}. Was ist B_{ik}?	**H(211)**
31	$$(B^*_{ik}) = \begin{pmatrix} +\begin{vmatrix} 1 & 0 \\ 1 & 0 \end{vmatrix} & -\begin{vmatrix} 0 & 0 \\ -1 & 0 \end{vmatrix} & +\begin{vmatrix} 0 & 1 \\ -1 & 1 \end{vmatrix} \\ -\begin{vmatrix} 0 & -2 \\ 1 & 0 \end{vmatrix} & +\begin{vmatrix} 1 & -2 \\ -1 & 0 \end{vmatrix} & -\begin{vmatrix} 1 & 0 \\ -1 & 1 \end{vmatrix} \\ +\begin{vmatrix} 0 & -2 \\ 1 & 0 \end{vmatrix} & -\begin{vmatrix} 1 & -2 \\ 0 & 0 \end{vmatrix} & +\begin{vmatrix} 1 & 0 \\ 0 & 1 \end{vmatrix} \end{pmatrix} = \begin{pmatrix} 0 & 0 & 1 \\ -2 & -2 & -1 \\ 2 & 0 & 1 \end{pmatrix}$$	**W(4)**
41	Transponieren von (B^*_{ik}) und Multiplikation mit $\frac{1}{\lvert \mathscr{L} \rvert} = -\frac{1}{2}$ ergibt $$\mathscr{L}^{-1} = \begin{pmatrix} 0 & 1 & -1 \\ 0 & 1 & 0 \\ -\frac{1}{2} & \frac{1}{2} & -\frac{1}{2} \end{pmatrix}$$	**W(5)**
51	Mit $\mathscr{L}^{-1} = (c_{ik})$ führt $\mathscr{L} \cdot \mathscr{L}^{-1} = \mathscr{E}$ auf die Gleichungen $$\begin{array}{lll} c_{11} & -2c_{31} = 1 & \mid \\ c_{21} & = 0 & \mid \\ -c_{11} + c_{21} & = 0 & \mid \end{array} \quad \begin{array}{lll} c_{12} & -2c_{32} = 0 & \mid \\ c_{22} & = 1 & \mid \\ -c_{12} + c_{22} & = 0 & \mid \end{array}$$ $$\begin{array}{ll} c_{13} & -2c_{33} = 0 \\ c_{23} & = 0 \\ -c_{13} + c_{23} & = 1 \end{array}$$	**W(6)**

61	Koeffizientenschema: $$\begin{pmatrix} 1 & 0 & -2 & 1 & 0 & 0 \\ 0 & 1 & 0 & 0 & 1 & 0 \\ -1 & 1 & 0 & 0 & 0 & 1 \end{pmatrix}$$	**W(7)**
71	$$\begin{pmatrix} 1 & 0 & -2 & 1 & 0 & 0 \\ 0 & 1 & 0 & 0 & 1 & 0 \\ -1 & 1 & 0 & 0 & 0 & 1 \end{pmatrix} \cdot (-1)$$ $$\begin{pmatrix} 1 & 0 & -2 & 1 & 0 & 0 \\ 0 & 1 & 0 & 0 & 1 & 0 \\ 0 & 0 & -2 & 1 & -1 & 1 \end{pmatrix} \cdot (-1) \quad \cdot (-\tfrac{1}{2})$$ $$\begin{pmatrix} 1 & 0 & 0 & 0 & 1 & -1 \\ 0 & 1 & 0 & 0 & 1 & 0 \\ 0 & 0 & 1 & -\tfrac{1}{2} & \tfrac{1}{2} & -\tfrac{1}{2} \end{pmatrix}$$ Lesen Sie die Lösung aus diesem Schema ab!	**H(711)**

211	B_{ik} ist die Determinante der Matrix, die aus $\mathcal{B}$ durch Streichen der i-ten Zeile und k-ten Spalte entsteht.	W(3)
711	$c_{11} = 0 \qquad c_{12} = 1 \qquad c_{13} = -1$ $c_{21} = 0 \qquad c_{22} = 1 \qquad c_{23} = 0 \qquad$ (also $\mathcal{B}^{-1}$) $c_{31} = -\frac{1}{2} \qquad c_{23} = \frac{1}{2} \qquad c_{33} = -\frac{1}{2}$	Fertig

Vorbemerkung: Im vierdimensionalen affinen Raum sei ein festes Koordinatensystem gegeben. Jedem Punkt X ist dann eindeutig sein Koordinatenquadrupel (x_1, x_2, x_3, x_4) zugeordnet und umgekehrt.

Jeder affine Unterraum läßt sich durch ein LGS darstellen in der Weise, daß genau die Koordinatenquadrupel der Punkte des Unterraumes die Lösungen des LGS sind.

Aufgabe: Bestimmen Sie ein LGS, das die Ebene

$$E = \{X\mid \varphi = \overrightarrow{OX} = (1,-1,2,0) + s\,(0,3,4,1) + t\,(1,0,2,1)\}$$

darstellt!

1	Es soll versucht werden, ein LGS für die Koordinaten x_i der Punkte $X \in E$ aufzustellen, in dem die Parameter s und t nicht vorkommen. Welche Gleichungen erhält man zunächst aus der gegebenen Darstellung von E?	W(2), H(11)
2	Aus dem LGS von (11) müssen die Parameter s und t eliminiert werden.	W(3), H(21, 22)
3	Ist mit der Aufstellung der Gleichungen in (21) die Aufgabe gelöst? Ja Nein	K(31) W(4)
4	Man muß prüfen, ob das LGS aus (21) auch genau die Punkte von E als Lösungen hat. Welche Dimension hat der Lösungsraum?	W(5), H(41)
5	Zeigen Sie jetzt, daß E der Lösungsraum des LGS aus (21) ist!	H(51)

11	Durch Koordinatenvergleich ergibt sich $$\begin{aligned} x_1 &= 1 && + t \\ x_2 &= -1 + 3s \\ x_3 &= 2 + 4s + 2t \\ x_4 &= s + t. \end{aligned}$$	**W(2)**
21	Aus der ersten Gleichung folgt: $t = x_1 - 1$. Dies in die vierte Gleichung eingesetzt ergibt: $s = x_4 - t = x_4 - x_1 + 1$. Damit erhält man aus der zweiten und dritten Gleichung: $$\begin{aligned} 3x_1 + x_2 - 3x_4 &= 2 \\ 2x_1 + x_3 - 4x_4 &= 4. \end{aligned}$$ Zweite Möglichkeit: Eliminieren Sie s und t aus den Gleichungen von (**11**) durch Zeilenumformungen!	**K(22)**
22	Zeilenumformungen: $$\begin{aligned} x_2 &= -1 + 3s & x_2 - 3(x_4 - x_1) &= 2 \\ x_3 - 2x_1 &= 4s & (x_3 - 2x_1) - 4(x_4 - x_1) &= 4 \\ x_4 - x_1 &= -1 + s & \text{vgl. Ergebnis in (21)} \end{aligned}$$	**W(3)**
31	Die Gleichungen in (**21**) sind notwendige Bedingungen für die Koordinaten der Punkte von E. Was muß noch geprüft werden?	**W(4)**
41	Das LGS aus (**21**) hat den Rang $r = 2$. Die Dimension des Lösungsraums ist also $d = 4 - 2 = 2$. Der Lösungsraum ist also eine Ebene.	**W(5)**

| 51 | Der Punkt $(1, -1, 2, 0)$ gehört zur Lösung des LGS von **(21)** (Einsetzen!).

 Die linear unabhängigen Vektoren $(0, 3, 4, 1)$ und $(1, 0, 2, 1)$ lösen das zugehörige homogene LGS:

 $$\begin{aligned} 3x_1 + x_2 - 3x_4 &= 0 \\ 2x_1 + x_3 - 4x_4 &= 0 \end{aligned}$$ (vgl. **PA 18**). | Fertig |

Vorbemerkung: Im dreidimensionalen affinen Raum sei bezüglich eines festen Koordinatensystems eine Ebene E durch die Gleichung

I $x_1 - 2x_2 + 5x_3 = 0$

gegeben. Zwei weitere von einem Parameter t abhängige lineare Gleichungen

II $4x_1 + 2(t-1)\,x_2 + 6x_3 = 3$
III $x_1 +\ \ (t-4)\,x_2 + 3x_3 = 3-t$

bestimmen eine Schar von affinen Räumen.

Aufgabe: a) Zeigen Sie, daß durch das LGS (II und III) für jedes t eine Gerade $g(t)$ gegeben ist!

b) Zeigen Sie, daß es genau einen Parameterwert t_0 gibt, so daß die Gerade $g(t_0)$ parallel zu E ist! Untersuchen Sie, ob $g(t_0)$ in E liegt!

c) Bestimmen Sie für $t \neq t_0$ den Schnittpunkt von $g(t)$ mit E!

d) Zeigen Sie, daß die Geraden $g(t)$ und $g(t')$ für $t \neq t'$ windschief zueinander sind!

1	Geben Sie ein Kriterium dafür an, daß das LGS (II und III) eine Gerade bestimmt! Ist das Kriterium erfüllt?	**W(2), H(11)**
2	Geben Sie ein Kriterium dafür an, daß $g(t_0)$ parallel zu E ist!	**W(3), H(21)**
3	Bestimmen Sie t_0 mit Hilfe des Kriteriums von (2)!	**W(4), H(31)**
4	Geben Sie ein Kriterium dafür an, daß $g(t_0)$ in E liegt, und prüfen Sie damit die Lage von $g(t_0)$ bezüglich E!	**W(5), H(41)**
5	Warum gibt es für $t \neq t_0$ stets genau einen Schnittpunkt? Berechnen Sie dessen Koordinaten!	**K(511), H(51)**
6	Geben Sie ein Kriterium dafür an, daß $g(t)$ und $g(t')$ windschief sind!	**K(61)**
7	Zeigen Sie mit (61), daß $g(t)$ und $g(t')$ windschief sind!	**Fertig, H(71, 72)**

11	Das LGS (II und III) muß lösbar sein, und die Dimension des Lösungsraums muß 1 sein. Ist r der Rang der einfachen und $\bar{r}$ der Rang der erweiterten Matrix des LGS, dann muß $r = \bar{r} = 2$ sein. Prüfen Sie das nach!	**H(111)**
21	Wird die Ebene E von $\mathfrak{a}$ und $\mathfrak{b}$ aufgespannt und ist $\mathfrak{c}$ der Richtungsvektor der Geraden $g(t_0)$, dann muß gelten $\mathfrak{c} \in [\mathfrak{a}, \mathfrak{b}]$, d. h. eine Lösung des zu (II und III) gehörigen homogenen LGS muß auch Lösung von (I) sein. Was bedeutet das für den Rang R der einfachen Matrix von (I und II und III)?	**H(211)**
31	Bestimmung von t_0, so daß $R = 2$ ist mit Hilfe des Ergebnisses von **(111)** und weiteren elementaren Umformungen:	

$$\begin{pmatrix} 1 & -2 & 5 \\ 0 & (-2t+14) & -6 \\ 1 & (t-4) & 3 \end{pmatrix} \cdot (-1) \qquad \begin{pmatrix} 1 & -2 & 5 \\ 0 & (-2t+14) & -6 \\ 0 & (t-2) & -2 \end{pmatrix} \cdot (-3)$$

$$\begin{pmatrix} 1 & -2 & 5 \\ 0 & -5t+20 & 0 \\ 0 & (t-2) & -2 \end{pmatrix} \quad \text{Somit } R = 2 \iff t_0 = 4$$

		W(4)
41	Die Gerade $g(t_0)$ liegt genau dann in E, wenn das LGS (I und II und III) lösbar ist und $R = 2$ ist. Bestimmen Sie den Rang $\bar{R}$ der erweiterten Matrix von (I und II und III) für $t_0 = 4$, und beantworten Sie dann die Frage!	**H(411)**
51	Nach **(31)** ist für $t \neq t_0$ stets $R = 3$. Andererseits ist $\bar{R} \leqslant 3$ und $R \leqslant \bar{R}$. Daraus folgt $R = \bar{R} = 3$ für $t \neq t_0$, also eindeutige Lösbarkeit des LGS. Zur Berechnung der Schnittpunktkoordinaten benutzt man das LGS aus **(411)**, das sich nach den elementaren Umformungen ergibt.	**H(511)**

61	$g(t)$ und $g(t')$ dürfen keinen Punkt gemeinsam haben, d. h. das LGS $$\begin{aligned} 4x_1 + 2\,(t-1)\,x_2 + 6x_3 &= 3 \\ x_1 + \;\;(t-4)\,x_2 + 3x_3 &= 3-t \\ 4x_1 + 2\,(t'-1)\,x_2 + 6x_3 &= 3 \\ x_1 + \;\;(t'-4)\,x_2 + 3x_3 &= 3-t' \end{aligned}$$ muß unlösbar sein. Außerdem dürfen $g(t)$ und $g(t')$ nicht parallel sein, d. h. das zugehörige homogene LGS muß den Rang 3 haben, darf also nur trivial lösbar sein.	**W(7)**
71	Das LGS ist unlösbar, denn Subtraktion der dritten von der ersten Gleichung und der vierten von der zweiten Gleichung ergibt $$\begin{aligned} 2\,(t-t')\,x_2 &= 0 \qquad \text{und} \\ (t-t')\,x_2 &= t'-t. \end{aligned}$$ Für $t \neq t'$ ist dieses LGS unlösbar.	**W(72)**
72	Zeigen Sie jetzt durch elementare Umformungen der zweiten, ersten und vierten Gleichung von **(61)**, daß das zugehörige homogene LGS den Rang 3 hat!	**K(721)**

111	Wegen $r \leqslant \bar{r} \leqslant 2$ genügt es zu zeigen, daß $r = 2$ ist. Dies gelingt mit einer elementaren Umformung: $$\begin{pmatrix} 4 & 2(t-1) & 6 \\ 1 & (t-4) & 3 \end{pmatrix} \xleftarrow{\;\cdot(-4)\;}^{+} \begin{pmatrix} 0 & (-2t+14) & -6 \\ 1 & (t-4) & 3 \end{pmatrix}$$ Für jedes t sind die Zeilenvektoren der rechten Matrix linear unabhängig, also ist $r = 2$.	**W(2)**
211	Es muß $R = 2$ sein.	**W(3)**
411	Mit den gleichen elementaren Umformungen wie in **(111)** und **(31)** für die erweiterte Matrix ergibt sich $$\begin{pmatrix} 1 & -2 & 5 & \vline & 0 \\ 0 & -5t+20 & 0 & \vline & -18+7t \\ 0 & t-2 & -2 & \vline & 3-t \end{pmatrix} \quad \text{und für } t_0 = 4$$ $$\begin{pmatrix} 1 & -2 & 5 & \vline & 0 \\ 0 & 0 & 0 & \vline & 10 \\ 0 & 2 & -2 & \vline & -1 \end{pmatrix} \quad \text{, also } \bar{R} = 3.$$ Wegen $R \neq \bar{R}$ ist das LGS unlösbar, $g(t_0)$ liegt nicht in E.	**W(5)**
511	$$x_1 \qquad -2x_2 + 5x_3 = 0$$ $$(-5t+20)x_2 \qquad = -18+7t$$ $$(t-2)x_2 - 2x_3 = 3-t \qquad (t \neq 4)$$ *Lösung:* $\quad x_2 = \dfrac{-18+7t}{20-5t}$ $$x_3 = \dfrac{-24+3t+2t^2}{40-10t}$$ $$x_1 = \dfrac{48+13t-10t^2}{40-10t}$$	**W(6)**

721	$\begin{pmatrix} 1 & (t-4) & 3 \\ 4 & 2(t-1) & 6 \\ 1 & (t'-4) & 3 \end{pmatrix} \xleftarrow{\cdot(-4)}{}_{+} \quad \xleftarrow{\cdot(-1)}{}_{+} \begin{pmatrix} 1 & (t-4) & 3 \\ 0 & (-2t+14) & -6 \\ 0 & (t'-t) & 0 \end{pmatrix}$	Fertig
	Für $t \neq t'$ ist der Rang der zweiten Matrix 3.	

Vorbemerkung: Im n-dimensionalen affinen Raum gibt es zu $n + 1$ Punkten $P_0, P_1, \ldots, P_n$ in allgemeiner Lage und $n + 1$ beliebigen Punkten $Q_0, Q_1, \ldots, Q_n$ genau eine affine Abbildung α mit $\alpha(P_i) = Q_i$. Bezüglich eines festen Koordinatensystems $\{O, \mathfrak{b}_1, \ldots, \mathfrak{b}_n\}$ kann man α darstellen durch ein LGS

$$x_1' = a_{11}x_1 + a_{12}x_2 + \ldots + a_{1n}x_n + t_1$$
$$x_2' = a_{21}x_1 + a_{22}x_2 + \ldots + a_{2n}x_n + t_2$$
$$\cdots\cdots\cdots\cdots\cdots\cdots\cdots\cdots\cdots\cdots$$
$$x_n' = a_{n1}x_1 + a_{n2}x_2 + \ldots + a_{nn}x_n + t_n$$

bzw. kurz durch die Vektorgleichung

$$\mathfrak{x}' = \mathfrak{A}\mathfrak{x} + \mathfrak{t}.$$

Aufgabe: Im dreidimensionalen affinen Raum werden durch eine affine Abbildung α

$P_0 = (2,-2,2),\ P_1 = (3,-2,1),\ P_2 = (2,-1,3),\ P_3 = (0,-2,2)$ auf
$Q_0 = (1,1,1)\ ,\ Q_1 = (1,3,-1),\ Q_2 = (-1,1,3),\ Q_3 = (1,-1,3)$ abgebildet.

Bestimmen Sie die Matrix $\mathfrak{A}$ und den Vektor $\mathfrak{t}$!

1	Prüfen Sie zunächst, ob die Punkte P_i in allgemeiner Lage sind. Ist das Kriterium bekannt?	**W(2), H(11)**
2	Es ist besonders leicht, eine affine Abbildung γ anzugeben, die die Punkte $O = E_0 = (0,0,0)$, $E_1 = (1,0,0)$, $E_2 = (0,1,0)$, $E_3 = (0,0,1)$ auf Q_0, Q_1, Q_2, Q_3 abbildet. Ebenso bestimmt man die affine Abbildung β mit $\beta(E_i) = P_i$. Dann ist $\alpha = \gamma \circ \beta^{-1}$, denn $\alpha(P_i) = \gamma \circ \beta^{-1}(P_i) = \gamma(E_i) = Q_i$. Geben Sie zuerst eine Darstellung von γ in der Form $\varphi' = \mathcal{L}\varphi + \mathfrak{d}$ an!	**K(211), H(21)**
3	Geben Sie analog eine Darstellung für die Abbildung β in der Form $\varphi'' = \mathcal{B}\varphi + \mathfrak{w}$ an!	**K(311), H(31)**
4	Warum ist β invertierbar? Geben Sie eine Darstellung für β^{-1} an!	**W(5), H(41)**
5	Bilden Sie jetzt $\gamma \circ \beta^{-1}$!	**Fertig, H(51)**

11	Kriterium: $P_0, P_1, \ldots, P_n$ sind in allgemeiner Lage $\Longleftrightarrow$ $\overrightarrow{P_0P_1}, \ldots, \overrightarrow{P_0P_n}$ sind linear unabhängig. Bestätigen Sie damit die allgemeine Lage der P_i!	**K(111)**
21	Für die Matrix $\mathcal{L}$ und den Vektor $\mathfrak{b}$ sind mit den Vektoren $\overrightarrow{OE_i} = \varphi_i;\quad \overrightarrow{OQ_i} = \varphi'_i$ vier Bedingungen gegeben: $\varphi'_i - \mathfrak{b} = \mathcal{L}\varphi_i$ für $i = 0, 1, 2, 3$. Berechnen Sie damit zuerst $\mathfrak{b}$ ($i = 0$) und danach die Spaltenvektoren von $\mathcal{L}$!	**K(2111), H(211)**
31	$\mathfrak{w} = \overrightarrow{OP_0} = (2, -2, 2)$. In den Spalten von $\mathcal{L}$ stehen die Vektoren $\overrightarrow{OP_i} - \mathfrak{w}$ für $i = 1, 2, 3$. Schreiben Sie $\mathcal{L}$ auf!	**K(311)**
41	β ist invertierbar, weil die Punkte $P_i = \beta(E_i)$ in allgemeiner Lage sind. Für die Umkehrabbildung β^{-1} mit der Darstellung $\varphi = \mathcal{L}^{-1}(\varphi'' - \mathfrak{w})$ muß man die inverse Matrix $\mathcal{L}^{-1}$ berechnen (vgl. **PA 25**).	**K(411)**
51	$\varphi' = \mathcal{L}\varphi + \mathfrak{b}$; mit **(41)** erhalten wir $\varphi' = \mathcal{L}(\mathcal{L}^{-1}(\varphi'' - \mathfrak{w})) + \mathfrak{b}$. Wie erhält man hieraus die gesuchte Darstellung $\varphi' = \mathcal{O}\varphi + \mathfrak{t}$?	**K(5111), H(511)**

111	Die Vektoren $\overrightarrow{P_0P_1} = (1, 0, -1)$, $\overrightarrow{P_0P_2} = (0, 1, 1)$, $\overrightarrow{P_0P_3} = (-2, 0, 0)$ sind linear unabhängig.	**W(2)**
211	$\overrightarrow{OE_0} = \varphi_0 = v$ und $\overrightarrow{OQ_0} = \varphi'_0 = (1, 1, 1)$, also ist $(1, 1, 1) - \delta = \mathcal{L}v = v$, $\tau \cdot 0 = 0$, d.h. $\delta = (1, 1, 1)$. Der erste Spaltenvektor (c_{11}, c_{21}, c_{31}) von $\mathcal{L}$ ergibt sich jetzt aus $\varphi'_1 - \delta = \mathcal{L}\varphi_1$ und entsprechend der zweite und dritte. Berechnen Sie damit $\mathcal{L}$!	**K(2111)**
311	$$\mathcal{B} = \begin{pmatrix} 1 & 0 & -2 \\ 0 & 1 & 0 \\ -1 & 1 & 0 \end{pmatrix}, \; w = \begin{pmatrix} 2 \\ -2 \\ 2 \end{pmatrix}$$	**W(4)**
411	$$\mathcal{B}^{-1} = \begin{pmatrix} 0 & 1 & -1 \\ 0 & 1 & 0 \\ -\tfrac{1}{2} & \tfrac{1}{2} & -\tfrac{1}{2} \end{pmatrix}$$	**W(5)**
511	Wir schreiben in der zweiten Gleichung von (51) wieder φ statt φ'' und erhalten $$\varphi' = \mathcal{L}\mathcal{B}^{-1}\varphi - \mathcal{L}\mathcal{B}^{-1}w + \delta$$ also $\mathcal{A} = \mathcal{L}\mathcal{B}^{-1}$; $\, \vartheta = -\mathcal{L}\mathcal{B}^{-1}w + \delta$ Berechnen Sie explizit $\mathcal{A}$ und ϑ!	**K(5111)**

2111	$(c_{11}, c_{21}, c_{31}) = (1,3,-1) - (1,1,1) = (0,2,-2)$ $(c_{12}, c_{22}, c_{32}) = \varphi'_2 \quad - \quad \vartheta \quad = (-2,0,2)$ $(c_{13}, c_{23}, c_{33}) = \varphi'_3 \quad - \quad \vartheta \quad = (0,-2,2).$ Es ist also $\mathcal{L} = \begin{pmatrix} 0 & -2 & 0 \\ 2 & 0 & -2 \\ -2 & 2 & 2 \end{pmatrix}$ und $\vartheta = \begin{pmatrix} 1 \\ 1 \\ 1 \end{pmatrix}$	**W(3)**
5111	$\mathcal{L}\,\mathcal{B}^{-1} = \begin{pmatrix} 0 & -2 & 0 \\ 1 & 1 & -1 \\ -1 & 1 & 1 \end{pmatrix}, \quad \mathcal{L}\,\mathcal{B}^{-1}\vartheta = \begin{pmatrix} 4 \\ -2 \\ -2 \end{pmatrix}$ $\mathfrak{t} = \begin{pmatrix} -3 \\ 3 \\ 3 \end{pmatrix}.$ Setzen Sie zur Kontrolle die Ortsvektoren $\varphi_i = \overrightarrow{OP_i}$ in $\varphi'_i = \mathcal{O}\!l \cdot \varphi_i + \mathfrak{t}$ ein!	**Fertig**

Vorbemerkung: Um den Typ einer Affinität zu bestimmen, untersucht man die Affinität auf Fixpunkte, Fixrichtungen usw. Dazu ist es notwendig, die Eigenwerte und Eigenvektoren der zugehörigen linearen Abbildung zu berechnen.

Aufgabe: Bezüglich eines festen Koordinatensystems ist eine Affinität gegeben in der Darstellung

$$\varphi' = \mathfrak{A}\varphi + \mathfrak{t} \quad \text{mit} \quad \mathfrak{A} = \begin{pmatrix} 3 & -2 & 5 \\ -6 & 7 & -15 \\ 4 & -4 & 11 \end{pmatrix} \quad \text{und} \quad \mathfrak{t} = \begin{pmatrix} 1 \\ -3 \\ 2 \end{pmatrix}.$$

Bestimmen Sie die Fixpunkte, Fixrichtungen und damit den Typ der Affinität!

1	Schreiben Sie die Fixpunktbedingung auf!	**W(2), H(11)**
2	Schreiben Sie das LGS aus **(11)** explizit auf, und geben Sie die Lösung an!	**W(3), H(21)**
3	Schreiben Sie die Bedingung für die Existenz von Fixrichtungen auf!	**W(4), H(31)**
4	Bestimmen Sie alle Eigenwerte von $\mathcal{O}\!l$!	**K(411), H(41)**
5	Bestimmen Sie die Eigenvektoren zu $t = 19$!	**K(511), H(51)**
6	Geben Sie den Typ der Affinität an!	**K(61)**

11	Die Fixpunktbedingung lautet $\varphi' = \varphi$, also $\varphi = \alpha\varphi + \ell$ oder $(\alpha - \xi)\,\varphi = -\ell$.	**W(2)**
21	Das LGS $(\alpha - \xi)\,\varphi = -\ell$: $$\begin{aligned} 2x_1 - 2x_2 + 5x_3 &= -1 \\ -6x_1 + 6x_2 - 15x_3 &= 3 \\ 4x_1 - 4x_2 + 10x_3 &= -2 \end{aligned}$$ Geben Sie die Lösung an!	**H(211)**
31	Der Vektor $w \neq v$ bestimmt eine Fixrichtung, wenn gilt $$\alpha\,w = t\,w,$$ d. h. wenn w Eigenvektor von α ist.	**W(4)**
41	Die Eigenwerte von α sind die Lösungen der charakteristischen Gleichung $|\alpha - t\,\xi| = 0$. Geben Sie die charakteristische Gleichung und aufgrund der bisherigen Ergebnisse einen Eigenwert an!	**K(412), H(411)**
51	Das LGS zur Bestimmung der Eigenvektoren zu $t = 19$ lautet $(\alpha - 19\,\xi)\,\varphi = v$ oder explizit $$\begin{aligned} -16x_1 - 2x_2 + 5x_3 &= 0 \\ -6x_1 - 12x_2 - 15x_3 &= 0 \\ 4x_1 - 4x_2 - 8x_3 &= 0 \end{aligned}$$ Lösen Sie dieses LGS!	**H(511)**
61	Die Affinität hat eine Fixpunktebene und eine Fixrichtung, die nicht parallel dazu ist. Es handelt sich um eine perspektive Affinität.	**Fertig**

211	Die zweite und dritte Gleichung sind proportional zur ersten. Lösung: $\varphi = (1,-1,-1) + r(1,1,0) + s(5,0,-2)$. Die Affinität hat also eine Fixpunktebene.	**W(3)**
411	Die charakteristische Gleichung lautet $$\lvert \mathfrak{A} - t\,\mathfrak{E}\rvert = \begin{vmatrix} 3-t & -2 & 5 \\ -6 & 7-t & -15 \\ 4 & -4 & 11-t \end{vmatrix} = -t^3 + 21\,t^2 - 39\,t + 19 = 0.$$ Bestimmen Sie mit (211) eine Lösung und danach die restlichen Lösungen durch Faktorisierung des Polynoms!	**K(412)**
412	Nach (211) ist $t = 1$ zweifacher Eigenwert mit den l. u. Eigenvektoren $(1,1,0)$ und $(5,0,-2)$. Alle Verbindungsvektoren von Punkten der Fixpunktebene bleiben bei der zugehörigen linearen Abbildung ungeändert. Das charakteristische Polynom $$-t^3 + 21\,t^2 - 39\,t + 19$$ läßt sich somit durch $(t-1)^2$ dividieren, und man erhält $$\lvert \mathfrak{A} - t\,\mathfrak{E}\rvert = -(t-1)^2\,(t-19).$$	**W(5)**
511	Elementare Umformungen ergeben $$\begin{aligned} x_1 - x_2 - 2x_3 &= 0 \\ 2x_2 + 3x_3 &= 0 \end{aligned}$$ Basislösung: $\mathfrak{w} = (1,-3,2)$. Die Fixrichtung $\mathfrak{w}$ ist also nicht parallel zu der Fixpunktebene.	**W(6)**

Vorbemerkung: Die Einteilung der Quadriken in Typen wie Ellipsoide, Hyperboloide, Zylinder, Kegel usw. ist eine Einteilung nach affinen Invarianten. Um den Typ einer Quadrik zu bestimmen, ist es nicht notwendig, eine Hauptachsentransformation durchzuführen, sondern es genügt eine affine Transformation, die man durch das Verfahren der quadratischen Ergänzung erhält.

Aufgabe: Bezüglich eines Koordinatensystems $\{O, \mathscr{b}_1, \mathscr{b}_2, \mathscr{b}_3\}$ ist eine Quadrik gegeben durch die Gleichung

$$x_1^2 + 5x_2^2 + 14x_3^2 + 4x_1x_2 - 8x_2x_3 + 4x_1 + 4x_2 + 8x_3 = 0.$$

Bestimmen Sie durch eine geeignete affine Koordinatentransformation die affine Normalform und damit den Typ der Quadrik!

1	Wie muß die neue Basis $\{\mathscr{b}_1^*, \mathscr{b}_2^*, \mathscr{b}_3^*\}$ beschaffen sein, damit die gemischtquadratischen Glieder $4x_1x_2$ und $-8x_2x_3$ verschwinden?	W(2), H(11)
2	Konstruieren Sie schrittweise die Normalform durch quadratische Ergänzung!	K(211), H(21)
3	Welcher Koordinatentransformation entspricht diese sukzessive quadratische Ergänzung?	W(4), H(31)
4	Lesen Sie aus den Transformationsgleichungen in (311) die neue Basis $\{\mathscr{b}_1^*, \mathscr{b}_2^*, \mathscr{b}_3^*\}$ ab, wenn dies auch für die Herstellung der Normalform nicht notwendig ist!	W(5), H(41)
5	Ersetzen Sie auch die linearen Glieder $4x_1$, $4x_2$, $8x_3$ gemäß (311) durch die neuen Koordinaten y_i!	K(51)
6	Wie erhält man am einfachsten die Gleichungen für die Verschiebung des Ursprungs $O \rightarrow O^*$?	W(7), H(61)
7	Wie lautet die Normalform für die Quadrikgleichung? Um welchen Typ handelt es sich?	K(71)
8	Geben Sie die Koordinaten von O^* bezüglich des alten Koordinatensystems an!	K(81)

11	Die neue Basis muß eine Polarbasis (konjugierte Basis) sein, d. h. es muß gelten $F(\mathscr{b}_i^*, \mathscr{b}_k^*) = 0$ für $i \neq k$, wenn F die zur Quadrik gehörige Bilinearform ist.	**W(2)**
21	Zur ersten quadratischen Ergänzung faßt man alle quadratischen Glieder zusammen, die x_1 enthalten und ergänzt zu einem vollständigen Quadrat: $$x_1^2 + 4x_1x_2 = (x_1 + 2x_2)^2 - 4x_2^2.$$ Gehen Sie analog für x_2 und x_3 vor!	**H(211)**
31	Aus (211) liest man die Koordinatentransformation $$\begin{aligned} y_1 &= x_1 + 2x_2 \\ y_2 &\quad\;\; x_2 - 4x_3 \\ y_3 &\qquad\quad \sqrt{2}x_3 \end{aligned} \text{ ab.}$$ Geben Sie die Umkehrtransformation an!	**H(311)**
41	Aus der transponierten Matrix von (311) erhält man $$\begin{aligned} \mathscr{b}_1^* &= \mathscr{b}_1 \\ \mathscr{b}_2^* &= -2\mathscr{b}_1 + \mathscr{b}_2 \\ \mathscr{b}_3^* &= -4\sqrt{2}\,\mathscr{b}_1 + 2\sqrt{2}\,\mathscr{b}_2 + \tfrac{1}{2}\sqrt{2}\,\mathscr{b}_3 \end{aligned}$$	**W(5)**
51	$y_1^2 + y_2^2 - y_3^2 + 4y_1 - 4y_2 - 4\sqrt{2}\,y_3 = 0$	**W(6)**

61	Quadratische Ergänzung: $$(y_1 + 2)^2 + (y_2 - 2)^2 - (y_3 + 2\sqrt{2})^2 = 0$$ Welchen Transformationsgleichungen entspricht das?	H(611)
71	Normalform: $z_1^2 + z_2^2 - z_3^2 = 0$ Typ: Kegel mit der Spitze in O*.	W(8)
81	Bezüglich des neuen Koordinatensystems hat O* die Koordinaten $z_1 = z_2 = z_3 = 0$. Nach **(611)** ist $$y_1 = -2$$ $$y_2 = 2$$ $$y_3 = -2\sqrt{2}$$ und nach **(311)** ist $$x_1 = -2 - 4 + 16 = 10$$ $$x_2 = 2 - 8 = -6$$ $$x_3 = -2.$$ Somit O* = $(10, -6, -2)$.	Fertig

211	$x_1^2 + 4x_1x_2 + 5x_2^2 - 8x_2x_3 + 14x_3^2$ $= (x_1 + 2x_2)^2 + (x_2 - 4x_3)^2 - 2x_3^2$ $= y_1^2 + y_2^2 - y_3^2$	**W(3)**
311	Umkehrtransformation: $x_1 = y_1 - 2y_2 - 4\sqrt{2}\ y_3$ $x_2 = \qquad\ y_2 + 2\sqrt{2}\ y_3$ $x_3 = \qquad\qquad \frac{1}{2}\sqrt{2}\ y_3$	**W(4)**
611	$z_1 = y_1 + 2 \qquad\qquad y_1 = z_1 - 2$ $z_2 = y_2 - 2 \qquad\qquad y_2 = z_2 + 2$ $z_3 = y_3 + 2\sqrt{2} \qquad\ y_3 = z_3 - 2\sqrt{2}$	**W(7)**

Vorbemerkung: Will man Quadriken in euklidischen Vektorräumen auf ihre metrischen Eigenschaften hin untersuchen, dann ist es zur Vereinfachung der Darstellung oft zweckmäßig, diese vorher einer Hauptachsentransformation zu unterwerfen.

Aufgabe: Bezüglich eines kartesischen Koordinatensystems ist eine Quadrik durch die Gleichung

$$2x_1^2 - 2x_1x_2 - 2x_1x_3 + 2x_2^2 - 2x_2x_3 + 2x_3^2 = 1$$

gegeben. Zeigen Sie, daß es sich um eine Drehfläche handelt, geben Sie die Drehachse an, und bestimmen Sie die Transformationsmatrix für die Hauptachsentransformation!

1	Die gegebene Quadrik hat eine Darstellung der Form $\varphi^{T} \mathcal{A} \varphi = 1$ mit einer symmetrischen Matrix $\mathcal{A}$. Geben Sie $\mathcal{A}$ an!	W(2), H(11)
2	Bei einer Koordinatentransformation $\eta = \mathcal{T}^{T}\varphi$ bzw. $\varphi = \mathcal{T}\eta$ mit einer orthogonalen Matrix $\mathcal{T}$ ($\mathcal{T}^{-1} = \mathcal{T}^{T}$) wird die Quadrik dargestellt durch die Gleichung $\eta^{T}\mathcal{B}\eta = 1$ mit $\mathcal{B} = \mathcal{T}^{T}\mathcal{A}\mathcal{T}$. Gesucht ist $\mathcal{T}$ so, daß $\mathcal{B}$ Diagonalgestalt hat. Welcher Zusammenhang besteht zwischen $\mathcal{B}$ und den Eigenwerten von $\mathcal{A}$?	W(3), H(21)
3	Bestimmen Sie die Eigenwerte von $\mathcal{A}$ durch Lösen der charakteristischen Gleichung!	W(4), H(31)
4	Wie lautet die auf Hauptachsen transformierte Quadrikgleichung in Koordinaten? Welcher Quadriktyp liegt vor?	W(5), H(41)
5	Bestimmen Sie den Richtungsvektor der Drehachse!	W(6), H(51)
6	Wie ist die Transformationsmatrix $\mathcal{T}$ aufgebaut? Geben Sie den ersten Spaltenvektor an!	W(7), H(61)
7	Konstruieren Sie einen zweiten Spaltenvektor von $\mathcal{T}$ als Eigenvektor zu $t_2 = 3$!	W(8), H(71)

8	Wieviele linear unabhängige Lösungen hat das LGS in (71)? Was ist bei der Konstruktion des dritten Spaltenvektors von 7 zu beachten?	W(9), H(81)
9	Geben Sie 7 und 7^T an, und berechnen Sie zur Kontrolle $\mathcal{B} = 7^T \, \alpha \, 7$!	K(91)

11	$\mathcal{A} = \begin{pmatrix} 2 & -1 & -1 \\ -1 & 2 & -1 \\ -1 & -1 & 2 \end{pmatrix}$	W(2)
21	In der Diagonalen von $\mathcal{B}$ stehen die Eigenwerte von $\mathcal{A}$.	W(3)
31	Charakteristische Gleichung: $\mathcal{A} - t\,\mathcal{E}\| = \begin{vmatrix} 2-t & -1 & -1 \\ -1 & 2-t & -1 \\ -1 & -1 & 2-t \end{vmatrix} = -t^3 + 6t^2 - 9t = 0.$ Berechnen Sie die Eigenwerte!	K(311)
41	Transformierte Quadrikgleichung: $3y_2^2 + 3y_3^2 = 1$. Zwei Eigenwerte und damit zwei Hauptachsenlängen sind gleich. Es handelt sich also um eine Drehfläche, in diesem Fall um einen Drehzylinder mit dem Drehkreisradius $\frac{1}{\sqrt{3}}$	W(5)
51	Der Richtungsvektor der Drehachse ist Eigenvektor zum Eigenwert $t_1 = 0$, also Lösung des LGS $\mathcal{A}\varphi = \mathcal{O}$. Lösen Sie das LGS!	H(511)
61	In den Spalten von $\mathcal{T}$ steht ein System von orthonormierten Eigenvektoren zu den Eigenwerten von $\mathcal{A}$. Zu $t_1 = 0$ ist ein Eigenvektor u_1. Normierung ergibt $u_1^* = \frac{1}{\sqrt{3}}\,u_1$ als ersten Spaltenvektor von $\mathcal{T}$.	W(7)

71	Zu $t_2 = 3$ lautet das LGS $(\mathcal{O}l - 3\,\xi)\ \varphi = \mathcal{O}$ oder explizit (die drei Gleichungen sind identisch): $$-x_1 - x_2 - x_3 = 0$$ Eine Lösung ist $n_2 = (1, -1, 0)$. Normierung: $u_2^* = \dfrac{1}{\sqrt{2}}\, u_2$.	**W(8)**
81	Wegen $t_3 = t_2$ muß auch u_3 Lösung der Gleichung $-x_1 - x_2 - x_3 = 0$ sein. Außerdem soll u_3 zu u_2 orthogonal sein. Also muß zusätzlich gelten $x_1 - x_2 = 0$. Lösung: $u_3 = (1, 1, -2)$. Normierung: $u_3^* = \dfrac{1}{\sqrt{6}}\, u_3$.	**W(9)**
91	$$\mathcal{7} = \begin{pmatrix} \frac{1}{\sqrt{3}} & \frac{1}{\sqrt{2}} & \frac{1}{\sqrt{6}} \\[4pt] \frac{1}{\sqrt{3}} & \frac{-1}{\sqrt{2}} & \frac{1}{\sqrt{6}} \\[4pt] \frac{1}{\sqrt{3}} & 0 & \frac{-2}{\sqrt{6}} \end{pmatrix},\quad \mathcal{7}^{\mathrm{T}} = \begin{pmatrix} \frac{1}{\sqrt{3}} & \frac{1}{\sqrt{3}} & \frac{1}{\sqrt{3}} \\[4pt] \frac{1}{\sqrt{2}} & \frac{-1}{\sqrt{2}} & 0 \\[4pt] \frac{1}{\sqrt{6}} & \frac{1}{\sqrt{6}} & \frac{-2}{\sqrt{6}} \end{pmatrix}$$ $$\mathcal{7}^{\mathrm{T}} \mathcal{O}l\, \mathcal{7} = \begin{pmatrix} 0 & 0 & 0 \\ 0 & 3 & 0 \\ 0 & 0 & 3 \end{pmatrix}.$$	**Fertig**

```
31    Hilfen  ● ● ●
```

311	Eigenwerte: $t_1 = 0,\ t_2 = t_3 = 3.$	W(4)
511	$2x_1 -\ x_2 -\ x_3 = 0$ $-x_1 + 2x_2 -\ x_3 = 0$ $-x_1 -\ x_2 + 2x_3 = 0$ $\quad\cdot(-1)\quad$ $-x_1 + 2x_2 - x_3 = 0$ $-\ 3x_2 + 3x_3 = 0$ Lösung: $\{\varphi \mid \varphi = r\,u_1\}$ mit $u_1 = (1, 1, 1).$	W(6)

Vorbemerkung: Eine Drehung um eine Achse durch das Zentrum O wird bezüglich eines kartesischen Koordinatensystems $\{O, u_1, u_2, u_3\}$ dargestellt durch $\varphi' = \mathcal{O}\varphi$ mit einer orthogonalen Matrix $\mathcal{O}$, deren Determinante 1 ist. Aus dieser Darstellung kann man i. a. weder die Drehachse noch den Drehwinkel ablesen. Gesucht ist also ein neues Koordinatensystem, bezüglich dessen die Drehung eine Normaldarstellung hat.

Aufgabe: Eine Bewegung sei gegeben durch $\varphi' = \mathcal{O}\,\varphi$ mit

$$\mathcal{O} = \begin{pmatrix} \frac{1}{2} + \frac{1}{4}\sqrt{3} & \frac{1}{4}\sqrt{2} & -\frac{1}{2} + \frac{1}{4}\sqrt{3} \\[2mm] -\frac{1}{4}\sqrt{2} & \frac{1}{2}\sqrt{3} & -\frac{1}{4}\sqrt{2} \\[2mm] -\frac{1}{2} + \frac{1}{4}\sqrt{3} & \frac{1}{4}\sqrt{2} & \frac{1}{2} + \frac{1}{4}\sqrt{3} \end{pmatrix}$$

Zeigen Sie, daß $\mathcal{O}$ eine Drehung darstellt, bestimmen Sie Drehachse und Drehwinkel, und geben Sie ein neues Koordinatensystem an, bezüglich dessen die Drehung eine Normaldarstellung hat!

1	Wie kann man zeigen, daß durch $\mathcal{O}$ eine Drehung gegeben wird? Welchen Eigenwert muß $\mathcal{O}$ haben?	W(2), H(11)
2	Bestimmen Sie $|\mathcal{O}|$!	W(3), H(21)
3	Wie erhält man die Drehachse?	W(4), H(31)
4	Schreiben Sie das LGS aus (31) explizit auf, und geben Sie die Lösung an!	W(5), H(41)
5	Welche Darstellung hat eine Drehung bezüglich eines kartesischen Koordinatensystems, in dem ein Basisvektor die Richtung der Drehachse hat?	W(6), H(51)
6	Normieren Sie ϑ auf die Länge 1, und ergänzen Sie diesen Einheitsvektor zu einer orthonormierten Basis!	W(7), H(61)
7	Stellen Sie die Drehung bezüglich des neuen Koordinatensystems $\{O, u_1^*, u_2^*, u_3^*\}$ dar!	W(8), H(71)
8	a) Lesen Sie aus $\mathcal{O}^*$ den Drehwinkel ab!	K(81)
	b) Interessiert man sich nur für den Betrag des Drehwinkels, ist es nicht erforderlich, $\mathcal{O}^*$ zu bestimmen. Kennen Sie den Zusammenhang zwischen $\cos\omega$ und Spur $\mathcal{O}$?	K(82)

11	$\mathcal{O}$ stellt genau dann eine Drehung dar, wenn +1 einfacher Eigenwert ist, und das ist genau für $|\mathcal{O}| = 1$ erfüllt.	**W(2)**
21	Durch elementare Determinantenumformungen (vgl. **PA 21**) erhält man $$|\mathcal{O}| = \begin{vmatrix} 2 & 0 & -1 \\ 0 & \frac{1}{2}\sqrt{3} & -\frac{1}{4}\sqrt{2} \\ -1 & \frac{1}{4}\sqrt{2} & \frac{1}{2}+\frac{1}{4}\sqrt{3} \end{vmatrix} = 1$$	**W(3)**
31	Der Richtungsvektor ϑ der Drehachse ist Eigenvektor zum Eigenwert +1, also Lösung des LGS $(\mathcal{O} - \mathcal{E})\,\varphi = \mathcal{V}$.	**W(4)**
41	Das LGS $(\mathcal{O} - \mathcal{E})\,\varphi = \mathcal{V}$ lautet explizit: $$(-\tfrac{1}{2} + \tfrac{1}{4}\sqrt{3})\,x_1 + \tfrac{1}{4}\sqrt{2}\,x_2 + (-\tfrac{1}{2} + \tfrac{1}{4}\sqrt{3})\,x_3 = 0$$ $$-\tfrac{1}{4}\sqrt{2}\,x_1 + (\tfrac{1}{2}\sqrt{3}-1)\,x_2 - \tfrac{1}{4}\sqrt{2}\,x_3 = 0$$ $$(-\tfrac{1}{2} + \tfrac{1}{4}\sqrt{3})\,x_1 + \tfrac{1}{4}\sqrt{2}\,x_2 + (-\tfrac{1}{2} + \tfrac{1}{4}\sqrt{3})\,x_3 = 0$$ Die dritte Gleichung ist gleich der ersten. Das LGS hat den Rang 2. Raten Sie eine Lösung! Beachten Sie die Gleichheit der Koeffizienten in der ersten und dritten Spalte!	**H(411)**
51	Zeigt der erste Basisvektor in Richtung der Drehachse, dann hat die Matrix $\mathcal{O}^*$ die Gestalt (Normaldarstellung) $$\begin{pmatrix} 1 & 0 & 0 \\ 0 & \cos\omega & -\sin\omega \\ 0 & \sin\omega & \cos\omega \end{pmatrix}, \text{ wobei } \omega \text{ der Drehwinkel ist}$$	**W(6)**

61	Normierung: $u_1^* = \frac{1}{\sqrt{2}} \vartheta = \frac{1}{\sqrt{2}}(1,0,-1)$ Basisergänzung: $u_2^* = u_2 = (0,1,0),\ u_3^* = \frac{1}{\sqrt{2}}(1,0,1)$.	**W(7)**
71	Die Drehung wird bezüglich des neuen Koordinatensystems durch die Matrix $\mathcal{O}l^* = \mathcal{J}^T \mathcal{O}l\, \mathcal{J}$ dargestellt, wobei in den Spalten von $\mathcal{J}$ die Vektoren u_i^* stehen: $$\mathcal{J} = \begin{pmatrix} \frac{1}{2}\sqrt{2} & 0 & \frac{1}{2}\sqrt{2} \\ 0 & 1 & 0 \\ -\frac{1}{2}\sqrt{2} & 0 & \frac{1}{2}\sqrt{2} \end{pmatrix}$$ Berechnen Sie $\mathcal{O}l^*$.	**H(711)**
81	Nach (711) ist $\cos\omega = \frac{1}{2}\sqrt{3}$ und $\sin\omega = \frac{1}{2}$, also $\omega = \frac{\pi}{6} = 30°$.	**W(8b)**
82	Aus (51) liest man ab $\operatorname{Spur}\mathcal{O}l^* = 1 + 2\cos\omega$. Wegen $\operatorname{Spur}\mathcal{O}l^* = \operatorname{Spur}\mathcal{O}l$ kann man $\cos\omega$ schon aus $\mathcal{O}l$ berechnen durch $\cos\omega = \frac{1}{2}(\operatorname{Spur}\mathcal{O}l - 1)$ $= \frac{1}{2}(\frac{1}{2} + \frac{1}{4}\sqrt{3} + \frac{1}{2}\sqrt{3} + \frac{1}{2} + \frac{1}{4}\sqrt{3} - 1) = \frac{1}{2}\sqrt{3}$. Also $|\omega| = 30°$.	**Fertig**

411	$\vartheta = (1, 0, -1)$ ist Lösung des LGS. Da der Lösungsraum die Dimension 1 haben muß, ist $\{\vartheta\}$ Basis des Lösungsraums.	W(5)
711	$$\mathfrak{A}^* = \mathfrak{I}^{\mathrm{T}} \mathfrak{A} \, \mathfrak{I} = \begin{pmatrix} 1 & 0 & 0 \\ 0 & \frac{1}{2}\sqrt{3} & -\frac{1}{2} \\ 0 & \frac{1}{2} & \frac{1}{2}\sqrt{3} \end{pmatrix}$$	W(8)

Vorbemerkung: Eine Affinität α im euklidischen Punktraum ist genau dann eine Ähnlichkeitsabbildung, wenn sie bezüglich eines kartesischen Koordinatensystems eine Darstellung

$$\alpha(\varphi) = \varphi' = k\,\mathcal{O}\mathit{l}\cdot\varphi + \mathit{t} \quad \text{besitzt}$$

mit einer orthogonalen Matrix $\mathcal{O}\mathit{l}\,(\mathcal{O}\mathit{l}\cdot\mathcal{O}\mathit{l}^{\mathrm{T}} = \mathit{t}\,)$ und $k > 0$.

Wenn der „Ähnlichkeitsfaktor" $k \neq 1$ ist, (α also keine Bewegung ist), besitzt α genau einen Fixpunkt, das „Ähnlichkeitszentrum".

Aufgabe: Zeigen Sie, daß die Affinität des euklidischen E_3 mit der Darstellung

$$\alpha(\varphi) = \varphi' = \begin{pmatrix} -1 & 2 & 2 \\ 2 & 2 & -1 \\ 2 & -1 & 2 \end{pmatrix} \varphi + \begin{pmatrix} 4 \\ -4 \\ 4 \end{pmatrix} = \mathcal{L}\varphi + \mathit{t}$$

bezüglich eines kartesischen Koordinatensystems eine Ähnlichkeit mit dem Ähnlichkeitsfaktor $k = 3$ ist, und berechnen Sie das Ähnlichkeitszentrum!

1	Welche Beziehung muß für die Spaltenvektoren von $\mathscr{L}$ gelten unter der Annahme, daß α Ähnlichkeit ist? Bestimmen Sie damit k!	**K(111), H(11)**
2	Wie lautet die zugehörige orthogonale Matrix $\mathcal{O}\!\ell$?	**K(21)**
3	Schreiben Sie die Fixpunktbedingung auf!	**W(4), H(31)**
4	Wie lautet das aus der Fixpunktbedingung resultierende LGS?	**W(5), H(41)**
5	Bestimmen Sie das Ähnlichkeitszentrum als Lösung des LGS (41)!	**K(511), H(51)**
6	Bestätigen Sie, daß eine Ähnlichkeit $\varphi' = k \cdot \mathcal{O}\!\ell \cdot \varphi + \ell$ mit $k \neq 1$ immer genau einen Fixpunkt hat! Wann hat das LGS $(k \cdot \mathcal{O}\!\ell - \xi)\,\varphi = -\ell$ genau eine Lösung?	**Fertig, H(61)**

11

Wenn $\mathcal{B} = k \cdot \mathcal{A}$ mit $\mathcal{A} \cdot \mathcal{A}^T = \mathcal{E}$ ist, dann muß für die Spaltenvektoren $\mathscr{b}_1, \mathscr{b}_2, \mathscr{b}_3$ von $\mathcal{B}$ gelten:

$$\mathscr{b}_i \mathscr{b}_j = (k \cdot \mathscr{a}_i)(k \cdot \mathscr{a}_j) = k^2 \, \mathscr{a}_i \, \mathscr{a}_j = k^2 \, \delta_{ij}.$$

Berechnen Sie die Skalarprodukte $\mathscr{b}_i \mathscr{b}_j$ für $\mathcal{B}$, und bestimmen Sie k!

K(111)

21

Aus $\mathcal{B} = k \cdot \mathcal{A}$ ergibt sich

$$\mathcal{A} = \tfrac{1}{3}\,\mathcal{B} = \begin{pmatrix} -\tfrac{1}{3} & \tfrac{2}{3} & \tfrac{2}{3} \\[4pt] \tfrac{2}{3} & \tfrac{2}{3} & -\tfrac{1}{3} \\[4pt] \tfrac{2}{3} & -\tfrac{1}{3} & \tfrac{2}{3} \end{pmatrix}$$

Prüfen Sie zur Kontrolle nach: $\mathcal{A} \cdot \mathcal{A}^T = \mathcal{E}$!

W(3)

31

Fixpunktbedingung: $\varphi' = \varphi$, also $\mathcal{B}\varphi + \mathcal{f} = \varphi$.
Formen Sie so um, daß φ ausgeklammert werden kann!

K(311)

41

Die erweiterte Matrix des LGS lautet:

$$\left(\begin{array}{rrr} -2 & 2 & 2 \\ 2 & 1 & -1 \\ 2 & -1 & 1 \end{array} \left| \begin{array}{r} -4 \\ 4 \\ -4 \end{array} \right. \right)$$
$$\underbrace{}_{\mathcal{B}\,-\,\mathcal{E}} \qquad \underbrace{}_{-\mathcal{f}}$$

W(5)

51

Durch elementare Umformungen erhält man zunächst

$$\left(\begin{array}{rrr} -2 & 2 & 2 \\ 0 & 1 & 3 \\ 0 & 0 & 1 \end{array} \left| \begin{array}{r} -4 \\ -8 \\ -3 \end{array} \right. \right).$$

Berechnen Sie jetzt den Fixpunkt!

K(511)

61	Das LGS ist eindeutig lösbar genau dann, wenn $\det(k\,\alpha - \varepsilon) \neq 0$ ist, wenn also $k\,\alpha$ nicht den Eigenwert 1 hat. Welche Eigenwerte können α und somit $k \cdot \alpha$ nur haben?	**H(611)**

111	$\mathfrak{b}_1^2 = \mathfrak{b}_2^2 = \mathfrak{b}_3^2 = 9 = k^2$, $\mathfrak{b}_1\mathfrak{b}_2 = \mathfrak{b}_1\mathfrak{b}_3 = \mathfrak{b}_2\mathfrak{b}_3 = 0$, also ist $k = 3$.	**W(2)**
311	$\mathfrak{B}\varphi + \mathfrak{l} = \varphi \Leftrightarrow \mathfrak{B}\varphi - \varphi = -\mathfrak{l}$ oder $(\mathfrak{B} - \mathfrak{E})\varphi = -\mathfrak{l}$	**W(4)**
511	Endform: $$\begin{pmatrix} 1 & 0 & 0 & \vert & 0 \\ 0 & 1 & 0 & \vert & 1 \\ 0 & 0 & 1 & \vert & -3 \end{pmatrix}.$$ Fixpunkt: $$\varphi_0 = \begin{pmatrix} 0 \\ 1 \\ -3 \end{pmatrix}$$ Bestätigen Sie zur Kontrolle: $\varphi_0' = \mathfrak{B}\varphi_0 + \mathfrak{l} = \varphi_0$!	**W(6)**
611	Die orthogonale Matrix $\mathfrak{A}$ kann nur die Eigenwerte 1 oder -1 haben. Wegen $k \neq 1$ kann also $k\,\mathfrak{A}$ nicht den Eigenwert 1 haben.	**Fertig**

Vorbemerkung: In einem endlichdimensionalen euklidischen Vektorraum läßt sich das orthogonale Komplement $U^\perp$ eines Untervektorraumes U als Lösungsmenge eines homogenen LGS bestimmen. Jeder Vektor φ besitzt dann eine eindeutige Darstellung $\varphi = \varphi_1 + \varphi_2$, $\varphi_1 \in U$, $\varphi_2 \in U^\perp$. (φ_1, φ_2 sind die orthogonalen Projektionen von φ auf U bzw. $U^\perp$).

Aufgabe: a) Bestimmen Sie das orthogonale Komplement des Untervektorraumes $U = [\alpha_1, \alpha_2] \subset \mathbb{R}^4$ mit $\alpha_1 = (1,2,2,0)$, $\alpha_2 = (1,0,4,-1)$. (Es sei das natürliche Skalarprodukt im $\mathbb{R}^4$ zugrundegelegt: $(x_1, x_2, x_3, x_4) \cdot (y_1, y_2, y_3, y_4) = x_1 y_1 + {}+ x_2 y_2 + x_3 y_3 + x_4 y_4$).

b) Geben Sie eine Orthonormalbasis $\{b_1, b_2, b_3, b_4\}$ von $\mathbb{R}^4$ an mit
$[b_1, b_2] = U$, $[b_3, b_4] = U^\perp$!

c) Berechnen Sie mit Hilfe dieser Basis die Projektionen $\varphi_1 = x_1' b_1 + x_2' b_2$ und $\varphi_2 = x_3' b_3 + x_4' b_4$ von $\varphi = (2, -3, 4, -1)$ auf U bzw. $U^\perp$.

1	Ist der Begriff „orthogonales Komplement" bekannt, und können Sie das zugehörige LGS aufstellen?	**W(2), H(11)**
2	Bestimmen Sie eine Basis von $U^\perp$ als Basis der Lösungsmenge des homogenen LGS: $$\alpha_1 \cdot \varphi = x_1 + 2x_2 + 2x_3 \quad\quad = 0$$ $$\alpha_2 \cdot \varphi = x_1 \quad\quad + 4x_3 - x_4 = 0$$	**K(21)**
3	Bestimmen Sie eine Orthonormalbasis $\{b_1, b_2\}$ von U, indem Sie zuerst einen zu α_1 orthogonalen Vektor α_2' bestimmen und dann α_1, α_2' normieren!	**K(3111), H(31)**
4	Berechnen Sie entsprechend eine Orthonormalbasis $$\left\{ b_3 = \frac{1}{|\alpha_3|} \cdot \alpha_3,\ b_4 = \frac{1}{|\alpha_4'|}\, \alpha_4' \right\} \text{ von } U^\perp,$$ und geben Sie die gesuchte Orthonormalbasis $\{b_1, b_2, b_3, b_4\}$ von $\mathbb{R}^4$ an!	**K(411), H(41)**
5	Wenn ein Vektor φ bezüglich der neuen Basis die Darstellung $\varphi = x_1' b_1 + x_2' b_2 + x_3' b_3 + x_4' b_4$ hat, dann lassen sich die x_i' berechnen als $x_i' = \varphi \cdot b_i$. Berechnen Sie die Komponenten x_i' von $\varphi = (2, -3, 4, -1)$, und geben Sie damit die Projektionen φ_1, φ_2 auf U bzw. $U^\perp$ an!	**K(5111), H(51)**

11	$U^\perp$ ist die Menge aller Vektoren φ des Vektorraums, die zu jedem $u \in U$ orthogonal sind. Wie erhält man aus $U = [\alpha_1, \alpha_2]$ ein LGS für $\varphi \in U^\perp$?	**K(111)**
21	Durch elementare Umformungen erhält man die Endform $\begin{array}{cccc|c} 1 & 0 & 4 & -1 & 0 \\ 0 & 1 & -1 & \frac{1}{2} & 0 \end{array}$ und damit die Parameterdarstellung der Lösungsmenge: $\varphi = k(-4, 1, 1, 0) + l(1, -\frac{1}{2}, 0, 1) = k \cdot \alpha_3 + l \cdot \alpha_4.$ Kontrollieren Sie, daß tatsächlich $\{\alpha_3, \alpha_4\}$ eine Basis von $U^\perp$ ist, d. h. $\alpha_1 \cdot \alpha_3 = \alpha_2 \cdot \alpha_3 = \alpha_1 \cdot \alpha_4 = \alpha_2 \cdot \alpha_4 = 0.$	**W(3)**
31	Da α_1 nicht orthogonal zu α_2 ist, kann der Vektor $\alpha_2' \perp \alpha_1$ in der Form $\alpha_2' = \alpha_1 + r \cdot \alpha_2$ angenommen werden. Berechnen Sie r und damit α_2', und normieren Sie anschließend: $b_1 = \frac{1}{|\alpha_1|}\,\alpha_1$; $b_2 = \frac{1}{|\alpha_2'|}\,\alpha_2'$	**H(311)**
41	Ausgehend von $\alpha_3 = (-4, 1, 1, 0)$, $\alpha_4 = (1, -\frac{1}{2}, 0, 1)$ erhält man $\alpha_4' \perp \alpha_3$ durch den Ansatz $\alpha_4' = \alpha_3 + s \cdot \alpha_4$ und $\alpha_4' \cdot \alpha_3 = 0$. Es ergibt sich $s = 4$, also $\alpha_4' = (0, -1, 1, 4)$. Normieren Sie α_3, α_4'. Warum ist dann $\{b_1, b_2, b_3, b_4\}$ eine Orthonormalbasis von $\mathbb{R}^4$?	**H(411)**
51	$x_1' = \varphi \cdot b_1 = (2, -3, 4, -1) \cdot \frac{1}{3}(1, 2, 2, 0) = \frac{4}{3}.$ Berechnen Sie ebenso x_2', x_3', x_4' !	**H(511)**

111	Wenn U lineare Hülle von α_1, α_2 ist, gilt $\varphi \in U^\perp \iff \alpha_1 \cdot \varphi = 0$ und $\alpha_2 \cdot \varphi = 0$. Stellen Sie das LGS auf!	W(2)
311	$\alpha_2' = \alpha_1 + r \cdot \alpha_2 = (1 + r,\ 2,\ 2 + 4r, -r)$. $\alpha_2' \cdot \alpha_1 = 0 \iff r = -1;\ \alpha_2' = (0, 2, -2, 1)$. Bestimmen Sie jetzt die Orthonormalbasis $\{b_1, b_2\}$ von U durch Normieren von α_1, α_2'!	H(3111)
411	$\{b_1 = \frac{1}{3}(1, 2, 2, 0),\ b_2 = \frac{1}{3}(0, 2, -2, 1),\ b_3 = \frac{1}{3\sqrt{2}}(-4, 1, 1, 0),$ $b_4 = \frac{1}{3\sqrt{2}}(0, -1, 1, 4)\}$ ist eine Orthonormalbasis von IR^4, da die Einheitsvektoren b_i paarweise orthogonal sind: $b_1 \perp b_2$ nach (3), $b_1 \perp U^\perp = [b_3, b_4]$ nach (2) usw., also ist $b_i b_j = \delta_{ij}$.	W(5)
511	$x_2' = \varphi \cdot b_2 = -5;\ x_3' = \varphi \cdot b_3 = -\frac{7}{3\sqrt{2}};\ x_4' = \varphi \cdot b_4 = \frac{1}{\sqrt{2}}$. $\varphi_1 = x_1' b_1 + x_2' b_2,\ \varphi_2 = x_3' b_3 + x_4' b_4$. Geben Sie die Projektionen φ_1, φ_2 in der alten (kanonischen) Basis von IR^4 an!	H(5111)

3111	$b_1 = \frac{1}{\lvert \mathcal{N}_1 \rvert} \cdot \mathcal{N}_1 = \frac{1}{3}\,(1,2,2,0).$ $b_2 = \frac{1}{\lvert \mathcal{N}_2' \rvert} \cdot \mathcal{N}_2' = \frac{1}{3}\,(0,2,-2,1).$	**W(4)**
5111	$\psi_1 \in U: \quad \psi_1 = \frac{4}{3}\cdot\frac{1}{3}\,(1,2,2,0) - \frac{15}{3}\cdot\frac{1}{3}\,(0,2,-2,1) =$ $\qquad\qquad\quad = \frac{1}{9}\,(4,-22,38,-15).$ $\psi_2 \in U^{\perp}: \quad \psi_2 = -\frac{7}{3\sqrt{2}}\cdot\frac{1}{3\sqrt{2}}\,(-4,1,1,0) + \frac{3}{3\sqrt{2}}\cdot\frac{1}{3\sqrt{2}}\,(0,-1,1,4)$ $\qquad\qquad\quad = \frac{1}{9}\,(14,-5,-2,6).$ Rechnen Sie zur Kontrolle nochmals nach: $\psi_1 + \psi_2 = \psi$ $\psi_1 \cdot \psi_2 = 0.$	**Fertig**

Vorbemerkung: Da die Hyperebenenspiegelungen sowohl im euklidischen Vektorraum als auch im Punktraum ein Erzeugendensystem der Isometrie- bzw. Bewegungsgruppe bilden, ist es zweckmäßig, eine einfache Darstellung dieser Abbildungen zu verwenden, die es gestattet, die Abbildungsmatrix bezüglich einer beliebig vorgegebenen Orthonormalbasis leicht zu berechnen.

Aufgabe: Es sei n ein Einheitsvektor im euklidischen Vektorraum.

a) Zeigen Sie, daß die Spiegelung an dem zu n orthogonalen (n-1)-dimensionalen Untervektorraum gegeben ist durch die Abbildung

$$\sigma : \begin{cases} V \longrightarrow V \\ \varphi \longrightarrow \varphi' = \varphi - 2\,(n \cdot \varphi)\,n \,! \end{cases}$$

b) Berechnen Sie für den $\mathbb{R}^3$ die Abbildungsmatrix der Ebenenspiegelung an der zu $n = \frac{1}{7}\,(2, -3, 6)$ orthogonalen Ebene!

1	Zeigen Sie, daß σ eine Isometrie von V ist! Welche Eigenschaften sind nachzuweisen?	**K(11)**
2	Zeigen Sie die Linearität von σ!	**W(3), H(21)**
3	Zeigen Sie: $\varphi' \cdot \psi' = \varphi \cdot \psi$!	**K(311), H(31)**
4	Zeigen Sie: $\sigma(n) = -\,n$ und $\sigma(v) = v$ für alle $v \perp n$! **(Hyperebenenspiegelung).**	**H(41)**
5	Berechnen Sie im $\mathrm{I\!R}^3$ das Bild von $u_1 = (1,0,0)$ bei der durch $n = \frac{1}{7}\,(2,-3,6)$ gegebenen Ebenenspiegelung!	**K(511), H(51)**
6	Berechnen Sie ebenso die Bilder der Basisvektoren $u_2 = (0,1,0)$ und $u_3 = (0,0,1)$, und geben Sie damit die Abbildungsmatrix $\mathcal{A}$ an!	**K(611), H(61)**
7	Überzeugen Sie sich zur Kontrolle, daß gilt: $\mathcal{A}\,n = -\,n$ und $\mathcal{A}v_1 = v_1$, $\mathcal{A}v_2 = v_2$ für die zu n orthogonalen Vektoren $v_1 = (3,2,0)$, $v_2 = (0,6,3)$!	**K(711), H(71)**

11	σ ist genau dann eine Isometrie, wenn σ linear ist und das Skalarprodukt nicht ändert.	**W(2)**
21	Zu zeigen: $(\varphi + \psi)' = \varphi' + \psi'$ und $(k\,\varphi)' = k\,\varphi'$. Setzen Sie $\varphi + \psi$ und $k\,\varphi$ in die Darstellung von σ ein!	**K(2111), H(211)**
31	$\varphi' \cdot \psi' = (\varphi - 2\,(u \cdot \varphi)\,u) \cdot (\psi - 2\,(u \cdot \psi)\,u)$. Nutzen Sie die Bilinearität und Symmetrie des Skalarprodukts aus!	**K(311)**
41	Setzen Sie für φ den Vektor u mit $u^2 = 1$ bzw. u mit $u \cdot v = 0$ in $\sigma(\varphi)$ ein!	**H(411)**
51	$u'_1 = (1, 0, 0) - 2 \cdot ((\tfrac{2}{7}, -\tfrac{3}{7}, \tfrac{6}{7}) \cdot (1, 0, 0))\,(\tfrac{2}{7}, -\tfrac{3}{7}, \tfrac{6}{7})$. Rechnen Sie u'_1 aus!	**K(511)**
61	$u'_2 = u_2 + \tfrac{6}{7}\,u = (\tfrac{12}{49}, \tfrac{31}{49}, \tfrac{36}{49})$ $u'_3 = u_3 - \tfrac{12}{7}\,u = (-\tfrac{24}{49}, \tfrac{36}{49}, -\tfrac{23}{49})$. In der Abbildungsmatrix stehen als Spaltenvektoren die Bilder der Basisvektoren. Geben Sie mit **(511)** und **(61)** die Matrix α an!	**K(611)**

71   Mit „Zeilen-Spaltenkombination" erhält man:

$$\mathfrak{a} \cdot u = \tfrac{1}{49} \begin{pmatrix} 41 \cdot \tfrac{2}{7} + 12 \cdot \tfrac{-3}{7} - 24 \cdot \tfrac{6}{7} \\ \dots\dots\dots\dots\dots \\ \dots\dots\dots\dots\dots \end{pmatrix} = \begin{pmatrix} -\tfrac{2}{7} \\ \dots \\ \dots \end{pmatrix} = -u$$

Ergänzen Sie die restlichen Zeilen, und verfahren Sie ebenso mit u_1, u_2 !

K(711)

211	$(\varphi + \psi)' = (\varphi + \psi) - 2(u \cdot (\varphi + \psi))\, u.$ $(k\,\varphi)' = (k\,\varphi) - 2(u \cdot (k\,\varphi))\, u.$ Verwenden Sie die Linearität des Skalarprodukts, und fassen Sie geeignet zusammen!	**K(2111)**
311	$\varphi' \cdot \psi' = \varphi \cdot \psi - 2(u \cdot \varphi)(u \cdot \psi) - 2(u \cdot \psi)(u \cdot \varphi) +$ $+\, 4(u \cdot \varphi)(u \cdot \psi) \cdot u^2 = \varphi \cdot \psi$ (wegen $u^2 = 1$). Mit (2) und (3) ist σ eine Isometrie.	**W(4)**
411	$u' = u - 2(u \cdot u)\, u = -u$ $v' = v - 2(u \cdot v)\, u = v$	**W(5)**
511	$u'_1 = \left(\tfrac{49}{49}, 0, 0\right) - \left(\tfrac{8}{49}, -\tfrac{12}{49}, \tfrac{24}{49}\right) = \left(\tfrac{41}{49}, \tfrac{12}{49}, -\tfrac{24}{49}\right)$	**W(6)**
611	$\alpha = \dfrac{1}{49} \begin{pmatrix} 41 & 12 & -24 \\ 12 & 31 & 36 \\ -24 & 36 & -23 \end{pmatrix}$	**W(7)**
711	Zeilen-Spaltenkombination ergibt: $\alpha \cdot v_1 = \dfrac{1}{49} \begin{pmatrix} 147 \\ 98 \\ 0 \end{pmatrix} = v_1$ $\alpha \cdot v_2 = \dfrac{1}{49} \begin{pmatrix} 0 \\ 294 \\ 147 \end{pmatrix} = \alpha_2$	**Fertig**

2111	Nach (211) ist $$(\varphi + \psi)' = \varphi - 2(n \cdot \varphi)\, n + \psi - 2(n \cdot \psi)\, n = \varphi' + \psi'$$ $$(k\,\varphi)' = k\,(\varphi - 2(n \cdot \varphi)\, n) = k\,\varphi'$$	**W(3)**

Verzeichnis der wichtigsten Stichworte

Hinter den Stichworten ist jeweils ein Verweis auf die Aufgabennummer und auf den Teil der Aufgabe gegeben, in dem Wesentliches über das Stichwort vorkommt. Es bedeuten zum Beispiel

28/V   Aufgabe 28, Vorbemerkung
33/V, 11   Aufgabe 33, Vorbemerkung und Hilfe (11)
20/V, A; 25/V   Aufgabe 20, Vorbemerkung und Aufgabenstellung;
  Aufgabe 25, Vorbemerkung

Bücher, die im Aufbau und in der Terminologie besonders gut zu diesen Aufgaben passen:

Kowalsky, H. J.　Lineare Algebra
　　　　　　　　W. de Gruyter, Berlin 1965

Lingenberg, R.　Lineare Algebra
　　　　　　　　BI-Hochschulskripten 828/828a, Mannheim 1969

Tietz, H.　　　Lineare Geometrie
　　　　　　　　Aschendorff, Münster 1967

uni—text

Studienbücher

K. Brinkmann, Einführung in die elektrische Energiewirtschaft
für Elektrotechniker, Maschinenbauer, Verfahrenstechniker, Wirtschafts-
ingenieure und Betriebswirtschaftler (im 2. Studienabschnitt)

G. Frühauf, Praktikum Elektrische Meßtechnik
für Elektrotechniker (3. und 4. Semester)

H. Gräser, Biochemisches Praktikum
für Biologen, Chemiker, Pharmazeuten und Mediziner (im 2. Studienabschnitt)

E. Henze / H. H. Homuth, Einführung in die Informationstheorie
für Mathematiker, Physiker und Elektrotechniker (3. Semester)

R. Jötten / H. Zürneck, Einführung in die Elektrotechnik I
für Elektrotechniker, Maschinenbauer und Wirtschaftsingenieure
(1. bis 3. Semester)

G. Kempter, Organisch-chemisches Praktikum
für Chemiker, Biologen und Mediziner (3. Semester)

L. D. Landau / E. M. Lifschitz, Mechanik
für Mathematiker und Physiker (2. und 3. Semester)

W. Leonhard, Wechselströme und Netzwerke
für Elektrotechniker (3. Semester)

W. Leonhard, Einführung in die Regelungstechnik, Lineare Regelvorgänge
für Elektrotechniker, Physiker und Maschinenbauer (5. Semester)

**W. Leonhard, Einführung in die Regelungstechnik, Nichtlineare Regel-
vorgänge**
für Elektrotechniker, Physiker und Maschinenbauer (6. Semester)

K. Mathiak / P. Stingl, Gruppentheorie
für Chemiker, Physiko-Chemiker und Mineralogen (ab 5. Semester)

K.-A. Reckling, Mechanik I, II, III
für Studenten der Ingenieurwissenschaften (1. und 2. Semester)

K. Torkar / H. Krischner, Rechenseminar in Physikalischer Chemie
für Chemiker, Verfahrenstechniker und Physiker (ab 3. Semester)